100種
了解狗寶貝
的方法 100 ways to understand
your Dog

謹以此書獻給我的父親、Jean、Liz，並紀念在童年陪伴我的狗朋友們：
Sandy、Rex、Misty、Ambrose。

作者◎羅傑‧塔伯 (Roger Tabor)
譯者◎梁勤君

太雅生活館

生活良品　　　　　　　　Life Net 049

100種
了解狗寶貝
的方法 100 ways to understand your Dog

作　　者　　羅傑・塔伯 (Roger Tabor)
翻　　譯　　梁勤君

總 編 輯　　張芳玲
書系主編　　林淑媛
特約編輯　　簡伊婕
美術設計　　陳淑瑩

太雅生活館 編輯部
TEL：(02) 2880-7556
FAX：(02) 2882-1026
E-MAIL：taiya@morningstar.com.tw
郵政信箱：台北市郵政53-1291號信箱
網址：http://taiya.morningstar.com.tw

發行所
太雅出版有限公司
111台北市劍潭路13號2樓
行政院新聞局局版台業字第五○○四號
承製
知文企業（股）公司
台中市工業區30路1號
TEL: (04)2358-1803
總經銷
知己圖書股份有限公司
台北公司
106台北市羅斯福路二段95號4樓之3
TEL: (02)2367-2044　FAX: (02)2363-5741
台中公司
407台中市工業區30路1號
TEL: (04)2359-5819　FAX: (04)2359-5493

郵政劃撥　　15060393
戶　　名　　知己圖書股份有限公司
初　　版　　西元2007年10月1日
定　　價　　350元

（本書如有破損或缺頁，請寄回本公司發行部更換；或撥
讀者服務專線 04-23595819 分機 232）

ISBN　978-986-6952-67-8
Published by TAIYA Publishing Co.,Ltd.
Printed in Taiwan

國家圖書館出版品預行編目資料

100種了解狗寶貝的方法 / 羅傑.塔伯(Roger
　Tabor)作；梁勤君譯. -- 初版. 台北市：
　太雅, 2007. 10
　面；　公分. -- (Life Net 生活良品；49)
　含索引
　譯目：100 ways to understand your dog
　ISBN 978-986-6952-67-8(平裝)

1. 犬 2. 寵物飼養 3. 動物行為

437.664　　　　96016067

感謝可卡獵犬Bella

作者序

狗狗，人類最好的朋友

我很幸運，在童年時有狗狗和貓咪陪著我長大。回憶中，我所認識的第一隻狗狗是我祖父母的狗「雷克」。他是一隻「米克斯」犬(其實，就是雜種狗啦)。

雜種狗這字眼，聽起來有點侮辱的感覺，但就基因學來說，混種的狗因為是遠系繁殖，所以具有較強的生命力。在養狗的世界裡，很多主人都希望自己的狗狗能擁有純正血統，但是對養貓的人來說，飼養混種貓咪的人反而占多數，養純種貓咪的人少的多呢！

我們是大丹犬與吉娃娃

我是黃金獵犬

當我還是個年輕小伙子時，我和我的黃金獵犬「仙蒂」簡直就像連體嬰一樣密不可分。可以說，我對大自然的興趣，有一部分是被仙蒂激發的。我們經常爬上屋後的小山，跑進樹林裡，再走好幾個小時到湖邊，仙蒂會跳進水裡，用他與生俱來的高超游泳本領在湖裡暢游。我們還一起去上狗狗的訓練課程，我非常開心，仙蒂學會了過馬路時，要在路口坐著等待一下。之後，我妹妹養了一隻優雅的柯利牧羊犬，他長長尖尖的臉和頸毛，散發出一種驕傲高貴的感覺。

後來，我爸媽又養了一隻叫安柏斯的史賓格獵犬，他總是非常熱情地歡迎訪客，熱情到好像快把尾巴搖斷似的。正是安柏斯，讓我開始認識狗狗的問題，因為他在散步時，總是死命地拖著我的爸媽走；太興奮的時候，還會失控地在地上撒尿；而且他對自己習慣的位置，占有慾也太強。過了一陣子我才發現，狗狗的品種和養育方式，對於他們和主人之間的關係有多重要，因為那包括相處方式、狗狗的脾氣和行為養成呢！

每隻狗狗都有自己的個性，但不管如何，他們都是被一「堆」人全心全意愛著的。每隻狗都被當成個性獨特的獨立個體，就好像他們是家庭裡其中的一個人類成員似的(的確，大部分的狗主人都把狗狗當成家人)。也因為我們會很自然地把寵物當成家庭成員，便很容易把他們的行為，看作是人類所表現出的另一種行為模式罷了。

基於同樣的理由，狗狗也把我們視為他所屬團體的一員，因為他們是群體生活的動物；而且，人類在歷史上有很長一段時間，都和狗狗存在著密切關係。狗狗的主人，就是「團體中的領袖」，狗狗隨時隨地都準備好要聽從主人的命令。相較之下，另一種常見的寵物——獨立的貓，對其領地依賴性較高，當人類離開時，他通常不會想跟著我們到處走。這可從過去1千年來，狗狗在歐洲文化中扮演的重要角色了解，我們常在許多文獻敘述中，發現狗會在主人遠征、狩獵的途中陪伴在旁，而比較獨立的貓則較少被提及。今日，全世界約有4百個狗品種，每個品種的身材體型，都有很大的差異(與家貓相比)；有趣的是，野生狗(像是狼、獵狗等等)則體型特性變化不大，反而是野生貓的體型和特性變化較大，從老虎到沙漠貓，我們都可窺見。

我是灰狼

狗狗，真的是很棒的伴侶。近期的研究，讓我們能更了解他們、了解他們和人類的關係。

羅傑·塔伯

這本書將帶給你……

大多數人可能會認為，他們完全了解自家狗狗的獨特個性和行為模式。其實，我們之中只有少部分人知道，真正影響狗狗行為的，是他們的祖先為了在群體中生活、在狩獵中求生留下的習慣；以及，狗狗與人類，從好幾千年前發展至今的複雜關係。

本書共分6個篇章，簡單介紹重點如下：
·〈狗狗從哪裡來〉：介紹了狗狗的祖先、過去幾年來與狗狗起源有關的重要發現、全世界從古至今，經由人擇挑選出的狗狗品種。
·〈狗狗的品種〉：從尺寸、體型，到性情、行為模式，簡介各式各樣令人嘆為觀止的狗品種。也附上英國

畜犬協會(Kennel Club)及美國繁殖者協會(American Kennel Club)對狗品種的分類。

·〈訓練成長中的狗狗〉：著重在狗狗和主人的關係中最重要的一點，那就是確保狗狗明白：「你是家裡的領導者，讓他樂意聽從你的命令。」

·〈養狗會遇到的麻煩事〉：分析各式各樣的狗狗問題，並提供連犬類行為學家、狗狗訓練者，也會拿來使用的解決方法與小祕訣。

·〈狗狗與我們〉：人類與狗狗之間的關係愈來愈緊密，這裡提供一些好點子，讓我們在這個新世紀能繼續與狗狗一起快樂生活。

1

狗狗從哪裡來

狗的身體構造

揭開狗狗的歷史來看,從很早以前,各品種的狗狗便已各自發展出明顯特徵。品種不同,體型、尺寸及毛皮就會有很大的不同,但狗狗身體內的基本結構則都是一樣的。狗狗遺傳了狼群的分級天性、群體狩獵追逐獵物的特性。追蹤獵物,需要依靠敏銳的感官,而狗狗天生就懂得留下氣味做記號,以及辨識獨特氣味。

狗狗的眼睛和人一樣,位在頭部前方,雙眼可向前看,擁有所謂的「雙眼視覺」,可鎖定獵物的位置遠近。狗狗的視野寬廣,在群體狩獵中可同時注意其他狗狗的行動。還有,在幽暗中的視力也相當好。

擁有耳朵挺直特徵的狗狗,可利用17組肌肉旋轉他們的耳朵,讓耳朵對準他們要聽的各種聲音。但特徵若為耳朵下垂者,則大多已失去旋轉耳朵的能力。

若狗狗鼻子的外部(鼻墊或外鼻膜)乾燥,可看作是狗狗身體不舒服的徵兆,但若周遭空氣溫暖乾燥,也可能發生這種狀況。

狗狗的嗅覺比人類好得多,約是人類嗅覺靈敏度的1百萬倍,依品種而有不同。

狗狗的鼻口部分(包括外鼻膜及鬍鬚),是最敏感的部位,有很多感覺神經分布於此。近距離接觸時,鬍鬚會傳遞感覺訊息給狗狗。

鼓泡,位在狗狗耳朵下方骨頭底部,是個共鳴腔,可使狗狗聽見頻率較高的聲音。

一般體形的狗狗,咬力大約是人類的6倍左右。他們的下顎之所以能咀嚼骨頭,是從擁有狩獵習性的祖先遺傳而來。

狗爪並不像貓爪能自由伸展,但卻能在狗狗持續奔跑時,提供抓地力。

狗狗腳底的肉墊就像海綿,可吸收衝擊力。肉墊是非常厚的皮膚,也是狗狗身體表層最堅韌的部分,其粗糙表皮可提供抓地力。狗狗也能利用肉墊感覺到震動。

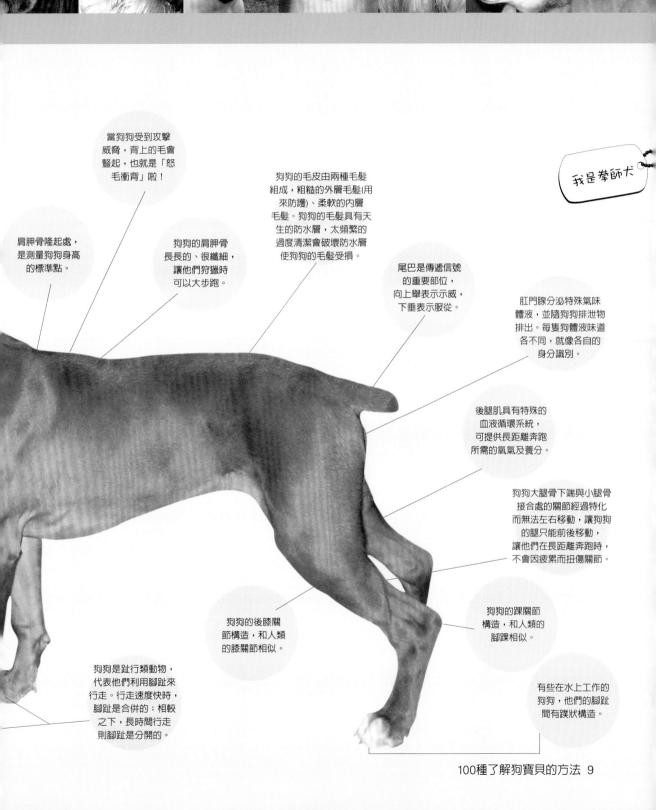

當狗狗受到攻擊威脅，背上的毛會豎起，也就是「怒毛衝背」啦！

狗狗的毛皮由兩種毛髮組成，粗糙的外層毛髮(用來防護)、柔軟的內層毛髮。狗狗的毛髮具有天生的防水層，太頻繁的過度清潔會破壞防水層使狗狗的毛髮受損。

肩胛骨隆起處，是測量狗狗身高的標準點。

狗狗的肩胛骨長長的、很纖細，讓他們狩獵時可以大步跑。

尾巴是傳遞信號的重要部位，向上舉表示示威，下垂表示服從。

肛門腺分泌特殊氣味體液，並隨狗狗排泄物排出。每隻狗體液味道各不同，就像各自的身分識別。

我是拳師犬

後腿肌具有特殊的血液循環系統，可提供長距離奔跑所需的氧氣及養分。

狗狗大腿骨下端與小腿骨接合處的關節經過特化而無法左右移動，讓狗狗的腿只能前後移動，讓他們在長距離奔跑時，不會因疲累而扭傷關節。

狗狗的後膝關節構造，和人類的膝關節相似。

狗狗的踝關節構造，和人類的腳踝相似。

狗狗是趾行類動物，代表他們利用腳趾來行走。行走速度快時，腳趾是合併的；相較之下，長時間行走則腳趾是分開的。

有些在水上工作的狗狗，他們的腳趾間有蹼狀構造。

1 打從荒野來

肉食性動物，最早出現在5千萬年前的「始新世時期」（Eocene period），是為細齒獸類（Miacids）。此類動物發展出的其中一群，後來演化成貓、土狼；另一群稱為熊犬類的，則演化成犬、熊、鼬鼠。

狼，是狗狗的祖先

野生的犬科動物，除了狼還包括：胡狼、郊狼、豺犬、叢林犬及美洲野犬，總數大約36種。獵犬在行為上幾乎與狼一樣，都傾向過群體生活、遵守等級制度。但也就是因為狗狗的血液裡，還遺留著狼的天性，才使人與狗狗之間，得以存在著「領導者與跟隨者」的關係。今日，狗狗與狼之間的緊密關係，仍可在加拿大的伊努特人(即我們所熟悉的愛斯基摩人)保留區見到，在當地，雪橇犬有時會與狼交配；而人類則會選擇留下，不會太畏懼人類或攻擊性太強的混種後代。

狼群合作狩獵的習性，使他們得以獵捕比自己體型大上許多的獵物；相較之下，習慣單獨狩獵的狐狸，因棲息於樹林，且習性與貓類似，所以只能獵捕體型較小的獵物。

我們無法從考古學資料得知，人類與狼群最早是從何時開始建立起關係，只能知道早在什麼時候已能和平共存。最古老、且合理可信的紀錄之一，是考古學家在伊拉克境內，一處約1萬2千年前的舊石器時代洞穴裡，發現一段狼的顎骨及牙齒(另一則可信度較低的資料，則說是在1萬4千年前)。

早期，狼群的骸骨主要挖掘自西亞，這和人類聚落遺址的發現相符；後來，狼群骸骨也陸續在美洲、歐洲、俄羅斯、日本等地出土，顯示出大部分人類聚落都已開始飼養家畜。原始狼群的蹤跡在這些地方都曾出現，既然地理分布得這麼廣，想當然爾，也因此產生很多狼群亞種。

野生犬種

狼祖先擁有不同的特徵，因而將基因差異遺傳給早期的狗。舉例來說，印度狼與亞洲狼交配所生的後代，較歐洲狼及北美狼的後代體型小。

其他的狗祖先，例如黃金胡狼和郊狼，則可說明狗演化的過程。在偶然的機會下，科學家發現某些演化證據，顯示胡狼和郊狼、家犬一樣，與狼交配後產下的後代也具有繁殖力，因此他們應該也是早期演化物種交配而生下的後代。然而，因為狼與其他犬科動物，天生都傾向群居生活而非獨自生活，狼因而被視作演化過程中的關鍵動物，且可能是狗在演化上的唯一祖先。狗與其他犬科動物有一種獨特的齒模差異，並且最新的DNA證據也顯示狼是狗最初的祖先。

狗狗與人類

狼群與人類的相遇，可能是因為他們都獵捕同一個畜群，或是狼群在尋找畜屍的過程中，與人類的活動範圍重疊。但最大的改變，可能從人類帶小狼回家，並加以飼養開始。

我們是印地安派亞犬

野地裡的親戚：犬族 2

犬科動物可依獲取食物的能力與棲息地，劃分為兩個明顯不同的群體。第一群犬科動物的體型較大(例如：群體生活的狼及美洲野犬)，群體狩獵的習性讓他們得以獵捕較大獵物。第二群體型較小的犬科動物(像是狐狸)，則獵食較小的獵物，此群體通常獨自狩獵，單獨或成雙生活。

群體生活：1對犬夫婦＋1群犬幫手

最社會化的犬科動物是美洲野犬，每個群體最多大約可達30個個體，他們會共同獵捕斑馬、牛羚等大型獵物。所有屬於群體的美洲野犬都會回到巢穴，將肚子裡的食物反嘔出來，餵養「領導野犬」的小孩，這是因為社會化的犬科動物，通常只有一對居於領導地位的犬夫婦來負責生育繁殖。他們有一套「字彙」來維持群體生活，包括搖尾巴、舐舐動作等等。服務於倫敦自然史博物館的茱麗葉·克勞頓·布洛克(Juliet Clutton-Brock)便指出，由於人類並不可能反嘔食物餵養狗狗，少了這個連結，人類與美洲野犬之間的互動便無法更親密。

有趣的是，雄性幼犬會傾向留在原本的群體，但是雌性幼犬則會移往別的群體：此習性與大部分的肉食性動物相反，包括狼也都是雄性才會移居。

豺狗怕飛濺水花？

其他的野生犬科動物還有：印度豺狗、西南亞豺狗。每個獵群約有5～15隻豺狗，領地約8平方公里，靠團體合作制伏水鹿、切達鹿。他們居住在濃密的樹林裡，可以獨自穿越樹林，但是狩獵和宰殺通常是在空地上進行，例如水邊。

我在喀拉拉的湖邊觀察過一群豺狗獵隊，一隻體型頗大的小水鹿脫離團體被逼入水裡，這時豺狗在水邊等，沒進入水裡。小水鹿用了一種很令人意外的方法來抵抗這群豺狗，他在水裡用腳踩水讓水濺起，豺狗們就往後退！

我是紅狐

3 野地裡的親戚：狐狸、 郊狼、胡狼

在21種狐狸中，各品種間的表現差異很大，像是：極適應北美沙漠的耳郭狐、因棲息地而得名的北極狐、分布最廣的原始狐「紅狐」。

狐與狼，大都過著群體生活

狐狸，是追捕小型獵物的孤單獵人，他們不依靠群體，大部分都是獨居。然而，狐狸之中的紅狐、北極狐，卻都是和一對狐夫婦、其他的「狐幫手」一起生活；這些狐幫手，會幫助唯一一對負責生育的狐夫婦餵養小狐狸(在紅狐的例子中，狐幫手是指雌性狐狸)。他們會在領地內利用尿液和排泄物做氣味標示。

北極狐，以前被稱作「冰上胡狼」，他們所需的食物大多從北極熊的殘食而來。這種白色狐狸因生活在極地，而有週期性的厚密皮毛，這種毛皮不僅是蓬鬆的毛而已，其中還有中空的毛髮，具保溫效果，可隔離冷空氣。

也有喜歡獨居的狼

北美郊狼，則有比較彈性的生活模式和獵捕對象。身處在小型獵物多的區域，他們的典型生活模式是獨居；但在大型獵物多的地區，郊狼則會形成小型的獵捕團體。

胡狼，雖然也有獨居的，其實他們通常是雌雄配對生活，這種生活模式對狩獵較有利。在賽倫蓋提地區(Serengeti)的研究中我們發現，不僅是某些年輕胡狼會待在他們的父母身旁大約1年時間，而是大部分的胡狼都有這種習性。在群體中，他們以「狼幫手」的身分生活，負責照顧幼狼，因此幼狼群在近年存活率提高不少。

衣索比亞狼，從前又稱為「西米恩野狼」；這種生活在高地的犬科動物只能獵得小型獵物，因此他們通常獨自狩獵，但之後會回到族群中。而且同樣的，他們的生活模式也是：一對負責生育的狼夫婦，加上其他會反嘔食物、餵養幼狼的「狼幫手」。

瀕臨絕種的南美鬃狼

犬科動物中，另一個也被稱為狼品種的，是南美洲草原上的鬃狼，由於外表特徵，又被稱為「長腿狐」或「踩高蹺的狐狸」。雖然他們是一種大型、且非常特殊的動物，但卻和其他某些小型犬科動物一樣，正面臨瀕臨絕種危險。人類對他們的生活習性了解並不足夠，因此還無法進行適當保育工作。不過，我們知道他們以小型獵物為食物，也知道他們和許多犬科動物一樣，會大量食用當季水果。

服務於倫敦自然歷史博物館的茱麗葉·克勞頓·布洛克(Juliet Clutton-Brock)推斷，早期人類與許多犬科動物，約是在冰河時期晚期形成關係。在那個時期，人類不僅馴化了狼，還馴化了胡狼、豺狗、很多種狐狸、叢林犬，甚至還有美洲野犬。她相信這是因為，相較於一般偏向與其所屬團體一起活動的犬科動物，有少數比較獨立、不傾向過群體生活者，從小就會在人類聚落附近徘徊，找尋和他們一樣是單獨行動的同類而作為伴侶，於是在此過程中，進而被人類收養、馴化。

我是黑背胡狼

我是北極狐

獵人？食腐者？

胡狼(像是本頁出現的那隻黑背胡狼)，因為吃動物屍體，而被埃及人視為胡狼頭神，這神明專門掌管死亡。然而在賽倫蓋提地區的研究中顯示，腐肉只占其飲食比例的6%，他們主要還是以水果、獵捕齧齒動物為生。

巴辛吉與法老王

4

巴辛吉,是所有具歷史意義的狗中最特殊的,因而備受注目。這可能是因為,今日這種狗狗可以馬上被古埃及人認出,而且他們的模樣很明顯與大約4千5百年前埃及第五朝壁畫中的狗很相似。古代巴辛吉與現代巴辛吉,外表上的唯一差異,是圖畫中的他們,腿的比例較長(請參考方法52壁畫圖)。

古老埃及人熱愛的狗

巴辛吉是古老埃及人飼養的其中一種犬種,在埃及人的圖畫中,可發現當時的人飼養許多種狗狗,有些看起來像是現代的灰犬、加那利獵犬等等。古老埃及人稱狗為「iwiw」,意思是「吠叫」,由此我們也可推測埃及人不只是飼養巴辛吉,因為巴辛吉這品種最著名的特性,就是他們並不吠叫。

不吠叫的巴辛吉

不吠叫,只是古老品種狗狗「巴辛吉」的有名特性之一(他們雖然安靜,但還是會發出其他聲音包括:咆哮)。當巴辛吉處在警戒狀態下,他們會皺眉,額頭上會出現一條深深的紋路。甚至,他們的步伐也與其他狗不一樣,這獨特的姿勢使他們隨時可以起跑,並可長時間維持這種姿勢。此外,他們還保有狼祖先留下的豎立耳朵特徵;而且和狼一樣,巴辛吉一年只有一段繁殖季節。

巴辛吉和其他狗相處不來

雖然,巴辛吉很容易對陌生人感到顧慮,但經過適當訓練,他們還是可以和人類相處得很好。但是,巴辛吉和其他狗狗相處時,則容易有支配慾太強的問題。

巴辛吉,在現代

· 巴辛吉,相較於其他的狗品種,很明顯是古老的野生犬種。埃及當地的說法是,在整個北非地區,他們都被當作通用獵犬,人們仰賴他們的視力和嗅覺。

· 英國維多利亞時期的探險家,發現了巴辛吉這個獨特的狗品種。1895年,一對巴辛吉被帶到英國,但因犬溫熱而病歿。1936年,繁殖者奧莉維亞·伯恩(Olivia Burn)再一次把巴辛吉帶到英國,並成功繁殖他們。當他們一在克魯弗茲(Crufts)出現,隨即獲得眾人注意。

巴辛吉幼犬,很怕人類

美國的約翰·保羅·史考特(John Paul Scoot)、約翰·福勒(John Fuller)在一系列典型觀察中發現,巴辛吉幼犬比其他一般品種的幼犬更懼怕人類,雖然從幼年時期下工夫,便可改善這種情況,但巴辛吉與其他狗相較,容易有害怕、或攻擊傾向。此外,巴辛吉對其他品種的狗狗容忍度較低,只能接受同品種的其他巴辛吉犬靠近他們;但儘管是同品種,還是會搶人家食物。同樣的,與其他品種相比,巴辛吉會「強烈反抗項圈及牽繩」。結論是,如果巴辛吉在幼犬時期好好接受和人類相處的訓練,才會比較溫馴。

巴辛吉特寫

5 從DNA鑑定狗的起源

關於狗狗,由於某些資料留存了下來,另外一些則沒有,考古學方面因而得以根據片段證據,證明了狗狗的起源。進而,藉由現今的DNA基因鑑定技術,我們拼出了一個概括的狗狗品種分類圖像。

DNA是長條的雙螺旋分子,在它獨特的核苷酸(或鹼基)序列中,存有表現個體特徵的密碼。鹼基只有4種,遺傳訊息則藏在它們的序列中。近年,我們已經可藉由分子分類學,決定一個特定染色體上的某段鹼基序列,據而研究一個物種的基因歷史。

家犬和野狼相像?

1997年,卡勒斯·維拉(Carles Vila)等人發表了研究結果——「針對140隻狗(67種純種狗、5種混種狗),和27隻不同群體的狼、郊狼、胡狼,進行的粒線體DNA研究」研究顯示,相較於郊狼或胡狼,家犬與狼更為相似;但此資料也顯示,家犬的起源並非是單一來源,而是在早期受到人類馴化後,不停與狼、狗混種而來。

考古學上,發現第一個人類與家犬共同生活的證據,大約在1萬4千年前。但維拉的研究資料卻認為,狗狗最初被馴化的時間點,或許可追溯自13萬~16萬年前。這份資料深深影響了我們對人狗關係起源的認知。此研究也顯示,如今我們所知的許多傳統品種狗狗,其實也是與某些不同品種的狗混種而來。

狗狗源自東亞?

1997年在維拉研究團隊中的彼得·沙佛拉寧(Peter Savolainen),他於2002年領導另一團隊將研究範圍再擴大到東亞,採樣超過650隻狗。根據此擴大研究的結果顯示,大部分的東亞狗狗DNA,都可被歸納到「狩獵、畜牧、守衛」這3大狗狗分群的其中一群(此三大分群為學者根據狗狗DNA基因鑑定歸納而得,煩請參考右頁「狗狗的DNA品種分群圖」),而且血統最具多樣性,也可能最古老。雖然,考古學發現狗狗存在的最早證據是在中東及德國,不過根據2002年這項擴大至東亞的新分子研究證據,我們猜測狗狗應該還擁有一個來自遠東地區的起源。藉著這些新證據,沙佛拉寧團隊認為,狗狗最早為人類馴化的時間,應該是發生在大約1萬5千~4萬年前,這個數字也的確更符合現存的考古資料。

你是否被狗狗起源的不同時間架構混淆了?話說回來,DNA基因鑑定新技術雖然是非常有力的新研究工具,但它其實也和考古學一樣,是一種推測方法。如果我們只以出土的狗狗遺跡來看,狗的起源確實是在中東,但別忘了,過去50年來,中國並沒進行這方面的考古工作,因此的確需慎重檢視DNA基因鑑定,為我們帶來的狗狗起源新證據。而且根據目前現有的基因證據來推測,考古學在未來應該也能找到相當證據,證實狗狗的遠東起源。

我是灰狼

狗與野生生物

雖然我們都同意,氣候變化會改變野生生物的生存條件,但其實狗狗應該也扮演了幫兇角色。例如,美國的原始馬被認為滅絕於1萬2千年前,這也可能是因為人類有了狩獵幫手狗狗,所造成的結果。

狗狗的DNA品種分群圖

資料來源：海地派克(Heidi Parke)團隊於2004年的研究

圖例
=狼、血緣與狼最接近的狗
(也就是所謂的「古代品種」)
紅色=「狩獵」群
綠色=「畜牧」群
藍色=「守衛」群

狼
鬆獅犬、秋田犬、柴犬、巴辛吉、
中國沙皮狗、阿拉斯加雪橇犬、西伯利亞哈士奇
阿富汗獵犬
東非獵犬、西藏梗
薩摩犬、拉薩犬
北京犬、西施
法老王獵犬、依比沙獵犬、巴吉度、
尋血獵犬、米格魯、凱恩梗、
愛爾蘭賽特犬、美國及英國可卡犬、
美國水獵犬、乞沙比克獵犬、
大型／標準／迷你雪納瑞、指示犬、
德國短毛指示犬、威爾斯史賓格獵犬、
黃金獵犬、
葡萄牙水犬、美國無毛梗、
澳洲梗、萬能梗、
杜賓犬、西高地白梗、
舒博奇犬、英國古代牧羊犬
巴戈
大丹犬
可蒙犬
曼徹斯特梗
標準貴賓犬
捲毛比熊犬
惠比特犬
荷蘭毛獅犬
挪威獵麋犬
格雷伊獵犬
愛爾蘭獵狼犬
蘇俄牧羊犬
柯利牧羊犬
喜樂蒂牧羊犬
比利時牧羊犬
比利時坦比連犬
澳洲牧羊犬、羅德西亞獵狗、克倫伯犬、
愛爾蘭軟毛梗、愛爾蘭梗、凱麗藍梗、
吉娃娃、拉布拉多、
平毛尋回犬、貝林登梗
臘腸狗
博美
博恩山犬
聖伯納
大瑞士山地犬
德國牧羊犬、英國鬥牛犬、馬士提夫犬、
拳師犬、法國鬥牛犬、迷你牛頭梗、
紐芬蘭犬、挪威納、迦納利犬

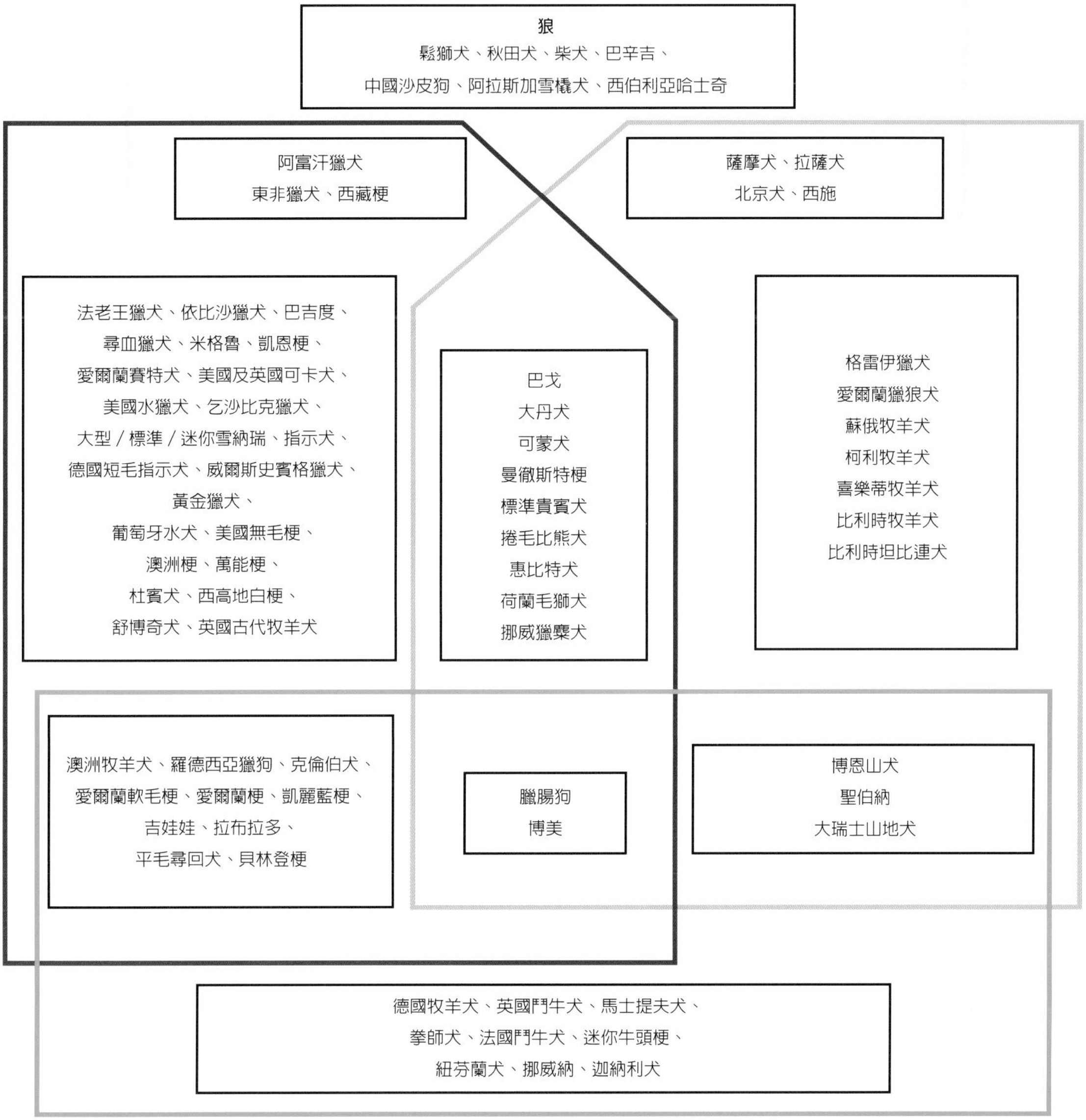

6 「活化石」腓尼基犬

腓尼基人是第一個進行航海大探索的貿易種族。他們原本居住在中東的泰爾(Tyre)與希登(Sidon)城附近,西元前2500年他們與舊埃及帝國進行貿易。西元前1千年,他們選定賽浦勒斯沿岸定居,約西元前750年在非洲西北岸建立了迦太基城。當他們定居在地中海沿岸時,身邊帶的正是一種連法老王也熟悉的、擁有挺直耳朵特徵的腓尼基犬。

品種超古老

非常值得注意的是,腓尼基犬,這個過去腓尼基人所養的狗品種至今仍存於世,簡直可說是一種「活化石」,記錄著腓尼基人遷徙行腳之所至。這種來自地中海沿岸、迦納利群島的古老狗狗,沒有什麼健康問題,可以活上12年,甚至更久。

腓尼基犬之中最有名的,是馬爾他島腓尼基獵犬,數世紀以降他們一直被用來獵捕兔子,更早之前他們可是埃及法老王的守衛犬,壁畫中總是出現其站著或坐著的側影。1968年,一名英國旅客帶了幾隻這種狗回家鄉,並覺得他們原來的名字「抓兔狗」實在不夠特別,於是根據其過去與古埃及的淵源,取了「法老王獵犬」這個新名字(Pharaoh Hound)。

來到西西里島,與抓兔子的腓尼基獵犬長得一模一樣的,有體型小一號的西西里獵犬(Cirneco dell' Etna),也有看起來比較大隻的伊比沙獵犬;這些狗,是腓尼基人曾住過巴里阿利群島的證據。1950年代,一名西班牙的狗繁殖者注意到這個品種,並成功讓世上更多人認識此種狗狗。這些狗狗同樣都被用來獵捕兔子。西班牙有一種名為Andalusian Podenco的狗,就是腓尼基犬的翻版。

捕兔子除農害

14世紀前,歐洲人並不曾出現在非洲,亞特蘭提克海岸西北方的迦納利群島(Canary Islands)。但有證據顯示,早在西元前1千年,來自迦太基城的腓尼基人,便已來到迦納利群島之中的波丹柯島(Podenco Canaris)。而位在迦納利群島更東北方的藍薩羅特島,是個火山島,人們在嚴峻的農業條件下求生存,幸好長久以來,蘭薩羅特犬都在山坡邊阻止兔子破壞農作物,是農民不可或缺的夥伴。這種狗也擁有其他腓尼基犬的輕柔優雅姿態,至今仍為當地農民飼養,成功用來抑制有害農作的動物,現在,島上的兔子已經不再氾濫了!

腓尼基人原居中東,他們帶著狗狗到處進行航海遷徙。而馬士提夫犬、格雷伊獵犬這些中東早期的狗種,在DNA鑑定下,的確發現他們與遠東出現的品種明顯不同。

狗狗和島嶼

腓尼基犬,這個在歷史上負盛名的狗品種,其重要性在於他們來自迦納利群島(Canary Islands,「Canary」這個字可能源自拉丁字「canus」)。時至今日,對我們而言,這些分散在迦納利群島各島嶼、長相十分相似的狗狗,不僅可做為古人遷移的證據,也可讓我們了解古埃及狗狗與腓尼基犬之間的關係。

我是鬆獅犬

我們藉由DNA分析、考古學、歷史文獻及其他資料,推測狗狗的出現,以及他們與人類的關係。狗狗的基因研究進展快速,而這能幫助我們更了解狗狗的來源和品種間的關係嗎?

鬆獅犬與沙皮狗是親戚

2004年,來自華盛頓州西雅圖的一個團隊,是第一個將研究狗狗DNA序列所得的高水準研究成果,釋放為公有版權的好榜樣,如此一來,任何人都能接近他們的研究發現。他們針對85個品種狗狗的粒線體DNA進行測試,並順利在美國繁殖者協會的幫助下,替每個品種各5隻狗採集口腔內膜抹片,觀察基因96的位置。

他們發現,狗狗能被分成4大群。其中,「狩獵、畜牧、守衛」這3群與功能相關,第4群則包含中國、中東、歐洲、北美來的狼(請參考P15)。第4群狗狗包括核心的絨毛狗,他們有狼的頭型、捲曲的尾巴。此群有2個中心品種,與其他品種差異很大,那就是中國的鬆獅犬與沙皮狗。雖然他們看起來不太相關,但其實鬆獅犬就是一種絨毛犬,有時候他們也被稱作「中國絨毛犬」;此外,這兩個品種還共享一個非常有名的特徵——「藍黑色的舌頭」。

小型東方品種狗狗

在P15狗狗的DNA品種分群圖的黃色框框中,最上方的小框是:狼與古代狗,右下角小框則是他們的親戚狗狗:北京犬、拉薩犬、西施,這3種狗也同時被歸在「畜牧」群。北京犬,又稱小獅子狗,數千年來只有中國皇室及貴族可以飼養這種狗,直到1860年英國洗劫北京後,才開始被一般人飼養。

如果這些皇家玩具陪伴犬,如此具有歷史意義、基因又與狼很相近,那他們的外型為何會有這麼大的改變?事實上,只需兩件事配合。為了要有扁平的臉,幼犬的頭骨生長速度,必須發生在不同的時間點。大部分幼犬,出生時頭型都很相似,但大約在5個月大時,主要頭型便已呈現出來,而這就是北京犬成犬的臉型了。不同品種的幼犬,體型其實是很相似的,但是大型犬在3個月大時,體型就開始增長,而小型犬則長得比較晚、也比較慢。在無外力介入的情況下,這些自然發生的罕見突變種狗狗,將被大自然淘汰,但在人類介入之下,這些突變種得以存活並繁衍,這就是一種育種行為。

P15的「狗狗的DNA品種分群圖」,並不是狗狗出現的先後時間表,而是狗狗品種DNA近似度的表示圖。影響這個圖表的因素不只是時間,狼、或其他古代品系的野生狗、或土狗之間的混種也會有影響。這些混種行為,在歷史上經常發生,一個年代比較久遠的品種,可能因為與不同族群的狗狗混種而變成19世紀和20世紀現存的品種,因此改變了品種分群圖的發展方向。

我是北京犬

認識狗祖先：狼群

灰狼廣布北半球。雖然一般認為狼的起源應該與北美地區有很大關係，但其實他們的足跡遍及亞洲、中東、部分歐洲，而亞種則有32種之多。

雖然狼群對他們的食物並不特別挑剔，但是北美狼的典型獵物是馴鹿、麋鹿，這些獵物的體重可是一匹狼的好幾倍，因此，為了獵捕這些大型獵物，狼群得團體行動。狼群的形成和他們追捕獵物的方法，都與棲息地相關。

狼群的嗥叫

每個狼群會利用嗥叫方式來宣示自己的領地，淒厲的叫聲可傳至5～6英里遠。由於每個狼群彼此的領地很容易重疊，當附近狼群接近自己的領域邊界時，他們會利用嗥叫方式，加以示退。

狼並不會一直持續嗥叫，而只在特定情況下嗥叫。狼群一天可能只叫個幾次，而且鄰近的狼群嗥叫時，他們並不回應，否則會曝光行蹤。但是，如果一個群狼剛獵殺了新鮮的獵物，他們就會回應其他狼群的嗥叫，明白宣示對這些獵物的所有權。基本上，嗥叫伴隨著某種程度的危險而存在，所以當一個狼群的成員愈多，這群狼的嗥叫就會愈有自信。群體的大小，同時也決定了能夠獵得的獵物數量及大小。

領導狼群的公狼，每隔幾分鐘就會做尿液標記，以劃分狼群的領地。在自家和相鄰狼群領地邊界出現的尿液標記味道，會刺激狼分泌荷爾蒙，讓他們有一股衝動要保護自己的狼群。

狼群的後代

狼群延續後代的重責大任，全都落在領導這群狼的公狼和配偶身上，他們通常是這群狼裡頭，唯一負責生育繁殖小狼的狼父母。每年1～4月是狼的繁殖季節，領導者公狼的配偶，一胎大約可生4～7隻幼狼，幼狼會在地底下的窩穴待1個月左右，並由母狼負責哺乳。一旦他們可以開始吃反嘔出來的食物，小狼們就會從地洞裡出來，而且他們接受的反嘔食物不只來自父母，還來自同一狼群裡其他年長的狼。這些「幫手狼」會幫忙反嘔食物餵食小狼，直到小狼們長到3～5個月大為止；此時，小狼應已夠強壯，可跟隨狼群一起移動。

基因遺傳的影響，使這些非領導角色的狼能夠忠心擔綱「撫養幫手」／「幫手狼」，知道要以整個狼群的利益為優先，這個遺傳也影響了狗，使狗狗可以和人類共同生活。然而，當狼群中的領導者，因受傷、年老、變弱或死亡，而使某隻非領導狼的地位上升時，這隻狼也會很快適應自己的領導角色。這也是為什麼，當家庭中未明確劃分好人狗關係，狗狗往往會爬到人的頭上稱王。當人類未扮演好領導者角色，狗狗可是會很樂意「繼位」的。在狗狗心中，只有主從關係而沒有「朋友」這種平等關係，如果主人讓狗狗感覺不到主人該有的樣子，狗狗就會以為自己是主人。接下來可預期的是，主人或家人沒辦法控制狗，而發生狗咬人或其他狀況，許多狗因此被安樂死。要知道，狗狗不是教不來、或不受教，是主人沒扮演好自己的角色。

人們與自家狗狗的權力關係,可從家人之間、人狗之間相對地位高下來決定。藉著深入了解這些「走在我們身旁的狼」,弄清楚事情的本質原委,將會對我們和狗狗之間的關係非常有幫助。

狼、狗天生懂服從

不論是古代的狼或現代的狗,他們對群體的感情,都比對領地的感情深。因此,對一隻過著群體生活的肉食性動物而言,群體生活的必要前提並不是支配行為,而是「服從行為」。過著群體生活模式的狗,在服從行為這一點上,與非群居的貓完全不同,貓只在少數情況下,才會表現出服從態度。

狼群的領地可寬廣至150~500平方英里,依地域及群體個數而不同。一個狼群通常就是一個狼家族,通常不會超過10~12個成員(但也可能是2~22個)。夏季時分,在幼狼長到足夠大、能跟隨狼群移動之前,狼群都只會待在窩巢附近,所以,這也是為什麼夏季時,狼群棲息的領地會較小。

我們不只可依靠分析狼群的遺跡,了解狼的群體行為,現今也有跨國性的獵犬追蹤比賽,可觀察他們的群體行為表現。在每一次打獵之間,這些都在狗舍共同生活的狗狗,他們之間的競爭行為比起非團體飼養的狗品種,要來得少。

獵狐犬對人類友善

2005年2月,英國修改法律,將獵狗狩獵列為非法活動,並正式中止了這個已有數世紀歷史的活動。雖然被禁止的活動也包括單獨狩獵,例如追捕野兔,但其實一般人對獵狗狩獵活動的印象,是指獵狐犬進行的團體狩獵。

13世紀時,獵狐活動出現在英國,但實際發展成現代獵狐活動是在18世紀中期。美國獵狐犬,是由喬治·華盛頓(George Washington)將法國獵犬、英國獵狐犬混種,所繁殖出的耳朵較下垂之新品種獵狐犬。

獵狐犬個性溫厚、充滿精力且對人類友善,他們和其他獵狐犬相處時,強烈的群體生活天性,使他們成為典型的群體動物。在群體行動時,他們對追捕有極強的直覺,這直覺讓他們在自己的活動範圍中成為獵人。獵狐犬,可能固執任性、不受管束、破壞力強,主人可得堅定地管束獵狐犬。

我們是獵狐犬

獵犬團體

獵狐活動開始前,獵狐犬是冷靜、自在的,但當獵人一吹起出發的號角,他們就會馬上跳起來、並且嗥叫。在野地中尋找獵物氣味時,他們是很安靜的,直到其中一隻獵犬發現狐狸的氣味,他會開始小聲地吠叫,直到完全確認氣味時,吠叫會變成連續又興奮的聲音。此時,整個群體都會朝這隻發現氣味的獵犬移動,並且一起興奮地吠叫。當他們看到獵物時,會馬上加快腳步追擊。此外,獵犬都會根據獵人的指示進行群體行動,而不會自己單獨行動。

野狗，會殺家畜？

世界各地都有野狗，他們是受到馴化、但是又在野外生存的狗。不論在都市或鄉村，任何地方都有這樣的狗：有些狗有飼主，但經常可在外自由活動；但這些狗若走失了，走失不很久，我們會稱之「流浪狗」；而在野外求生很久、或是在野外出生的狗，則稱「野狗」。

我是埃及野狗

犯罪的真是野狗？

近年，由於媒體報導，很多人開始注意到野狗的問題。舉例來說，2003年《美國國家地理新聞》(National Geographic News)刊出頭條消息：「美國正面臨野狗危機」，同時提出相關統計資料，說是大量家畜(價值近3千7百萬美金)的死亡，與野狗有關。然而，野狗真的犯罪了？亦或是天性問題？在義大利，約有80萬隻可在戶外自由活動、毫不受限制的狗，其中只有大約8萬隻是真正不靠人類協助、獨立求生存的「野狗」，其他大都是流浪狗、以及可自由活動的狗。

野狗群

在義大利阿布魯佐(Abruzzo)的亞平寧山脈(Apennines)，路基·波伊塔尼(Luigi Boitani)教授等人，針對一群由9隻成犬組成的野狗群，進行追蹤調查。在1984～1987年間，這群野狗的活動範圍總共有58平方公里(22平方英里)，他們的主要食物來源，是各村落的垃圾(此區有3個村落)。

群體維持大不易

野狗群，由「流浪狗」組成，成員之間通常沒有血緣關係，所以野狗群較其他犬科動物群體缺少穩定性。野狗群的繁殖率、及幼犬存活率都不高；其群體規模大小，是依靠繁殖期間，能吸引多少隻村莊中的流浪狗來維持。在波伊塔尼教授的研究期間，這群野狗總共生了40隻小狗，而其中僅僅2隻幼犬存活下來、長成成犬，超過90%的幼犬在出生120天內死亡，大部分的死亡都發生在窩巢被棄置2～3個月左右時。研究者認為，這群野狗之所以能存續，是因為自由活動狗狗的加入，否則野狗自己生下的小狗，存活率實在太低，根本無法繼之；不過，其他地區的小狗，存活率則較高。

另一個由大衛·麥唐諾(David McDonald)等人進行的相關研究發現，在義大利村莊地區活動的野狗群較小，通常由2～5隻狗組成；而山邊的野狗群較大，至多可由10隻狗組成。他們也觀察到，在村莊中生存的野狗，會在垃圾中尋找食物。

此外，透過對美國、日本、義大利的野狗群研究可發現，這些狗狗自有一套從日出到日落的固定活動時間。

吃垃圾食物，不獵殺

在義大利和美國，都有媒體大篇幅報導野狗殺害家禽、及野生動物的新聞。然而，科學家的研究卻顯示完全不同的結果：「野狗，是依靠在廢棄垃圾中找食物求生存，而非獵殺。」在義大利，也有某些家禽被殺害的案子，證明是有飼主的自由活動狗狗、以及流浪狗所為，而非野狗、或狼。鄉村中的野狗，可能形成類似狼群的團體，但是他們不會合作狩獵，僅只是一起在垃圾中尋找食物。這個群體的另一個主要存在價值是，當他們遇到其他狗群時，可以一起戰鬥。

我們是
尼泊爾野犬

控制野狗

在農村中生活，完全「野生」的狗，主要聚集自村裡可自由活動的狗狗，他們的組織看起來頗嚇人，但通常中看不中「壞」，他們對家禽、及其他野生動物，其實沒那麼有威脅性。相較之下，這些自由活動狗狗的飼主本身，問題來得大一些。自由活動狗狗，不受任何行動限制，造成都市問題，主要是因為許多飼主對他們的「鑰匙狗狗」(就像人類世界裡的「鑰匙兒童」)不負責任所致。撲滅野狗，通常都對解決實際問題沒有多大效用，但是控制「鑰匙狗狗」(包括養在柵欄內的狗狗)，卻能有效解決問題。

澳洲撲殺野狗計畫

在澳洲的某些地區，野狗被認為該替高達30%的家禽死亡比例負責，估計造成澳洲農業每年損失6千6百萬美金。當地控制的方法是，混合搭配使用誘捕、獵殺、毒餌，以及在東南方昆士蘭省至澳州西南方，設置長達5600公里(3475英里)的「狗柵欄」。在綿羊飼養區，還發展出一種新的毒劑，用以控制野狗數量。但儘管如此，澳洲當地的家禽死亡情況仍不見解決或好轉，原因是「野狗」的定義不明。也就是說，政府並未明確定義要撲殺的「野狗」，是指野生狗、澳洲犬、或兩者的後代，因而雖花了大量人力、財力撲殺許多狗狗，但其實弄錯對象，因為咬死家禽的主要是「鑰匙狗狗」(自由活動狗狗)，而許多無辜的狗狗就這麼不明不白被犧牲了。

撲殺前先確認狗狗身分

最初，澳洲政府的控制目標是全面撲殺野狗，但現在已有許多人注意到不是所有的狗都是「野狗」。例如，在加拉巴哥群島(Galapagos Islands)實施的動物平衡計畫(Animal Balance project)，於2004年～2006年與當地社區合作，針對2千隻以上的狗狗施行絕育手術。而土克斯及開斯科群島(Turks and Caicos islands)的野狗計畫(Feral Dog Project)，則在捕捉野狗前，免費提供狗狗項圈給學童，用來區別學童養的狗、以及社區裡的狗；佩戴項圈的狗，可免費進行絕育手術，野狗、流浪狗則進行安樂死。幸好，捕捉到的370隻狗當中，有70隻配戴項圈，成功區隔出有飼主的狗狗。動物福利國際基金會(The International Fund for Animal Welfare, IFAW)也計畫針對俄羅斯、土耳其、峇里島、其他地區的流浪狗、野狗，施行絕育手術。

「鑰匙狗狗」去了哪裡？

不論是野狗或有飼主的「鑰匙狗狗」，像這類能到處在戶外自由活動的狗狗，世界各地都有。1970年代，艾倫・貝克(Alan Beck)在美國巴爾的摩開始一種創新的「鑰匙狗狗」研究。利用拍照監視、以及向狗主人進行調查，他發現約40%的狗狗被准許獨自出門漫遊。雖然，在都市地區聚集成群的機會有限，在偶然機會下，他還是發現一個多達17隻狗聚集形成的群體，其中半數的狗是獨自出門，約25%是兩兩成雙，16%是3隻一夥，7%是4～5隻一群。這些都市中的狗狗群體，其實具潛在危險性，但大部分都只是暫時成群並非永久性；在鄉村地區，較常見的是5～6隻狗組成的穩定群體。

10 土狗

狗狗是如何真正被馴化的？是打從早期人類自他們與狼群重疊的狩獵區裡，選取較溫馴的幼狼，帶回家飼養開始嗎？狼群從殘餘的獵獲物尋找食物，並可能就此開啟天擇機制，因而使比較不害怕人的狗狗，較容易在殘餘獵獲物中找到食物。

南尼泊爾土狗、印度野狗、禿鷹，正一起食用畜體

人和動物其實彼此依靠

我從來就不相信，古時候是人主動開始馴服動物的。我曾在《The Wild Life of the Domestic Cat》一書中提到，家貓會在鄰近有農業廢棄物的社區尋找食物：「如同大部分動物馴化的故事，人類在馴化過程中真正的影響力不大，如果我們不以人類的角度，而改以其他物種的角度去看，根本就不會聯想到『馴化』這個名詞，我們只會看到一份互利共生、彼此依靠的關係。」

品種最好的狗就是土狗

美國犬類生物學家雷蒙·克平格(Raymond Coppinger)提出，在中石器時代部落早期，也出現過相同機制，使狼成為家犬。今日全世界各地都有土狗在村落中活動、從廢棄物中尋找食物，他認為，這些狗都有一些相似點：體重在13.5公斤(30磅)以下，身高在43～46公分(17～18英寸)之間，毛皮短而平滑，且擁有挺直的耳朵。這些狗在人的周遭生活，但不是以寵物的角色存在。克平格曾說過：「我認為品種最優良的貓就是混種貓，也就是路邊的貓、農場的貓、這每一隻貓。」而他也認為，品種最好的狗就是土狗，具有歷史意義的混種狗。

馴化始自狩獵時代？

這其中有一個時機問題：「若要做為馴化關鍵，村落出現的時機夠早嗎？」一般認為農業大革命是發生在1萬年前，此時產生農業廢棄物的村莊出現，而狗出現的早期遺跡則可回溯自1萬4千年前。其實，早在狩獵時期就有聚落出現，但是這些聚落只是暫時性的。人們在打獵的平原放火，之後平原便長出蒼翠茂盛的短草，吸引了草食動物(第一隻馴化的羊，出現在1萬1千年前)，使狩獵聚落可在那兒停留得更久。這可能促使狼與人重疊的活動空間變得更大，狼群可能會到草食動物畜體被丟棄的地方覓食。警戒心較低的原型狗狗，可能就是在這些早期的「垃圾場」附近開始被人類選中，加以馴化，成為日後我們所飼養狗兒的祖先。我在世界上許多不同地方，觀察記錄野狗、在村落自由活動的狗狗時，都會觀察到狗狗馴化過程的重演。

混種狗或古代狗？

土狗，是大部分人認為的現代品種混種狗？還是如同克平格所說，他們應該是一個古老的品種，歷史遠比18世紀才出現的現代狗品種還久遠？可以確定的是，現在的土狗是多種品系混種而來的，而且今日許多地方的古老土狗，其實是從某些特定品種配對而來。

狗的溝通方式遺傳自狼，但隨著與人類共同生活日久，狗的溝通方式也隨之改變，尤其是某些與他們祖先體型差異較大的品種，溝通方式的改變更是明顯。基本姿勢、尾巴耳朵的位置及動作，是狗狗與生俱來的，但卻會經由和其他幼犬的相處而改變發展。

我是黑色拉不拉多身

我們都是蘇格蘭㹴

狗狗花很多時間休息

我們很容易注意到狗狗的明顯肢體語言，例如簡單又重要的吠叫、搖尾巴，但其實比較不那麼明顯的動作，在溝通上也是很重要的。

和狼一樣，狗也花很多時間休息，但是狗因為和人類生活在一起，不用花那麼多時間狩獵和尋找食物，活動的空間也有限，所以他們花在休息的時間，比他們的狼祖先多得多。所以，當你的狗狗安靜下來時，就可以開始嘗試讀讀他的心情。

狗狗警戒和狗狗關機

趴下的狗狗，臀部貼著地，前腳向前伸展，頭可能稍稍垂下，用這種姿勢趴下的狗狗，對四周環境仍保持著警戒心，一點點風吹草動，他們馬上就會有反應。他們若是側躺打盹，則代表進入了關機狀態。這可以舉例說明，例如你走路經過狗狗身邊，趴下的狗狗會立即跟上、或跳起來；瞌睡中的狗狗呢，則需要多花點時間來反應了。

見面和迎接

不認識的狗狗們初次見面，會對彼此採取防衛姿態，鼻子互相靠近，然後用力地聞。母狗會聞對方的頭，而公狗通常直接聞其他狗的臀部。

野地中的起源

野生幼犬獲得食物的方法

野生的幼年犬科動物，當他們的父母或「飼養幫手」帶食物回巢時，幼犬會藉由搖尾巴、發出哀鳴聲、互舔，以獲得食物。這個行為在美國野犬身上表現得最明顯，每天接近中午時分，他們還會進行一種複雜、類似儀式的歡迎方式。就其原始背景來說，這樣的動作，會刺激帶回食物的成犬，將食物反嘔出來餵食幼犬。

領導公狼的耳朵很挺

群的領導公狼，需要與挑戰其地位的狼搏鬥，母狼們也會互相爭鬥，以獲得單一生育權(母狼的爭鬥，甚至比公狼更激烈)，一旦排位確定後，狼群就會恢復平和。領導公狼的耳朵會聳立挺直，而其他地位較低的狼則是耳朵向後服貼、且尾巴保持比領導公狼的尾巴低，以表服從。地位較低的狼，接近領導公狼時，會以側面朝向領導公狼的鼻口部靠近。

如果領導公狼齜牙咧嘴，用爪子抓一隻地位較低的狼，被抓住的狼不僅不會報復，而且會出現順從的「露牙」表情，表示接受和服從。另外，「齜牙咧嘴」也可能是一種撫慰的表達方式，用來回應幼犬對反嘔食物的要求。

狗狗的語言

狗狗用身體姿勢、尾巴動作、清楚的臉部表情,構成一種全身性的身體語言。但是因為我們育種及繁殖狗狗時,大大改變了他們的外觀,使狗狗清楚表達意思的能力,變得比他們的祖先弱。例如垂耳、長毛的狗狗,便無法豎起背毛,或甚至與我們進行眼神接觸,因此依靠味道和聲音來辨識人類,就變得更重要了。

了解陌生人的性別

狗狗和狼,彼此相見時,會用力嗅聞另一隻狗的臀部,這可是很重要的一種溝通,因為從另一隻動物的性別、特殊味道,可以獲得很多資訊。這可說明,為什麼當家中有訪客前來,狗狗經常會聞聞其生殖器官附近的區域。

與人類共同生活,狗狗扮演的是從屬角色,因而通常都保有像小狗般的姿勢。在狗狗與我們的關係中,不僅是他們會很誇張表現出小狗般的動作(事實上,這是幼犬行為),主人其實也很喜歡狗狗(即使狗狗已是成犬)做出這種主動找自己玩的動作。什麼樣的做作呢?狗狗會擺出後腳直立、頭和肩膀下壓的姿勢,同時搖尾巴,並發出小聲吠叫,引誘主人和他們玩。

我是邊境牧羊犬

我們是灰狼

聲音語言

狗狗也有許多聲音字彙,除了基本的叫聲,還包括嗥叫、吠叫、嘀咕、怒吼。吠叫聲,不僅僅代表警告及威脅,在表示歡迎、玩耍、希望被注意時,聲音都不一樣。

威嚇吠叫

吠叫,是為了威嚇接近中的入侵者。狗狗若感覺受到威脅,他就會持續吠叫,但之間通常會稍有停頓,在停頓時,狗狗會再次觀察入侵者。如果入侵者持續接近,他的叫聲就會改變,變得更有攻擊性、更暴躁,並穿插攻擊動作。

警告吠叫

警告的吠叫聲,通常會傳到幾戶以外狗狗的耳朵裡,這是為了要讓其他狗狗也升起警戒心,一起吠叫。這種狀況,在一群獵狐狗之中、或狗舍中很常見。

嗥叫

嗥叫是傳達重要資訊。低音嗥叫,表示清楚的威脅;較高頻率的嗥叫,則表示狗狗比較沒信心;如果嗥叫漸漸變成嘀咕,就表示服從。因此,當你需要堅定地控制狗狗時,應該用較低沉的聲調,來表示你的權威,狗狗也會以低吠來表示服從。當感覺到疼痛時,狗狗也會嗥叫。

大小型狗的叫聲

大型狗和小型狗發出的叫聲明顯不同,小型狗的叫聲通常被認為是在「狂吠」。其他狗狗聽到叫聲時,會從這隻狗的叫聲來評估是否有威脅。

狼、狗嗥叫用意不同

狼利用嗥叫和同伴聯絡,狗發出嗥叫通常是因為落單、而且需要狗或人類來陪伴。好幾世紀以來,人類都描述這樣的情況是:狗狗「對著月亮嗥叫」。

與狗狗建立適當關係的重點，在於讓他了解我們的主導地位，如此一來他才能扮演服從合作的角色。由於某些因素，包括我們的體型通常比他們大，大部分的狗會樂於服從我們，並且感到安全感；然而，狗狗還是需要我們傳達正確清楚的訊號給他們。

通常狗狗的動作若很輕鬆流暢，代表他很鎮靜、放鬆。如果他感到不自在、或想攻擊，身體動作會僵硬、不平穩。如果你的狗覺得不舒服或沮喪，他可能會表現得比較不活潑，頭低低的、對食物沒有什麼興趣。

狗狗的祖先「狼」的生活重心是和狼群共同生活，因此狗狗的團體精神是與生俱來的。狗狗只有在自己生存、不需依靠群體的情況下，才可能發生無法控制的攻擊行為，一旦你的狗狗發生這種情況，一定要藉由服從訓練緩和這種狀況。

狗狗之間的角力

一隻地位較低的狗，靠近地位較高的動物時，他的身體和頭都會維持低姿態，肩膀有點發抖，尾巴會下垂、且活潑地搖動，同時用舌頭舔、或用鼻子摩擦地位較高動物的臉。這個動作和幼犬接近媽媽的動作一樣。主人通常很喜歡狗狗做出這樣的動作。

狗一旦把姿勢放低，就表示他服從、不具攻擊性：最極端的表現是，直接趴在地上，轉身對潛在危險對象暴露出下腹部，有時候甚至會排尿。通常兩隻狗見面時，較具攻擊性的一方，會豎起背毛，試著讓自己看起來比較高大；而表示順服的一方，則會放低姿態、且舔對方的嘴唇。

評估彼此

若能了解狗狗的動作所代表的意思，對飼主了解狗狗的心情及反應，會有很大幫助。右圖是2隻「青少年」小狗，他們見到彼此時，只見右邊的獵犬挺直站立、稍稍向前傾，尾巴揚起、盯著對方看，想給他一點威嚇。左邊的梗犬則是耳朵向後拉、張大眼睛、身體向後傾。他們只是在評估對方，並沒有要打架的意思。

尾巴語言

尾巴直立＝高興

對主人來說，狗狗搖尾巴代表快樂。當你回到家，狗狗的尾巴會向上直立「升旗」，表示很高興：你終於回來了。

尾巴輕搖＝友善

若狗狗的尾巴，是在半空中以一種放鬆的姿態搖晃，這代表友善之意。

尾巴快搖＝攻擊意圖

其實，狗狗搖尾巴也不全是高興的意思。若他們感覺興奮，並且快又有力、堅定豎立地搖尾，就有攻擊意味。

搖尾豎毛＝攻擊意圖

若狗狗尾巴搖得較慢、且明確，這也是在傳達一種攻擊意圖。可以確定的是，他們搖尾巴時，若豎起背毛或肩膀上的毛，你就一定要小心囉。

尾巴低搖＝服從

狗狗放低尾巴搖動，表示服從或害怕之意，還可能同時做出其他表示服從的舉動。

14 了解狗狗臉部表情

和狗狗擁有長期良好關係的主人常常說，他們在狗狗的眼睛裡，看到絕對的信任。但如果你是和一隻還沒建立起良好關係、而且自認占優勢地位的狗狗在一起，小心不要和他互瞪，這個動作可能會促使他發出攻擊。

擺出嚇人表情，就能避免打鬥發生

一隻比較強勢的狗，瞪另一隻比較弱勢的狗時，弱勢的狗眼睛就會往別處看。牧羊犬也是用一種類似的眼神，眼睛眨也不眨地直盯著羊，就像狼或獵狗看著獵物的眼神，羊看到牧羊犬的這種眼神，就會感到害怕畏縮。受驚嚇的狗，眼睛則會睜得大大的，瞳孔放大、而且露出較多眼白。

一隻強勢的狗，對於他想壓制的對象，會採取頭部向前的姿勢；反之，受到恐嚇的狗，頭會往後縮。強勢的狗會將嘴唇後縮，不僅露出大犬齒，還想讓對方清楚看到前排門牙，藉著露出全部的牙齒，做出齜牙咧嘴的表情，加上咆哮，以表威嚇。

其實以上這些清楚的表情示意，通常都能避免打鬥發生，比較弱勢的狗會後退，降低自己的威脅性。家庭中若飼養多隻狗狗，主人也可藉由觀察這類動作，來分辨每隻狗狗的地位。當一隻占有慾強、又強勢的狗，和他的主人搶椅子或搶狗碗時，這種行為其實是非常嚇人，且令人擔心的。

巴吉度獵犬表態難？

但狗狗的臉部表情，並非全都是傳達攻擊或服從的意思，當一隻狗很放鬆的時候，他的臉部表情也會很柔和。

若你想真正了解狗狗的臉部表情，可從狗狗的耳朵位置加以判斷(但如果是耳朵天生下垂的狗狗，就很難判斷，例如巴吉度)。當狗狗對你有警戒心時，他的耳朵是直直豎立的(品種不同，豎立程度或有不同，但狗狗會盡所能直立起自己的耳朵)。如果有兩隻狗正準備打鬥，地位較高的狗，耳朵會向前傾，而地位較低的狗，耳朵則是向後貼平。狗被罵的時候，耳朵也會擺出這種姿勢呢！

對狗的野生祖先而言，明確、不易混淆的信號，攸關生存大計，不論是在狩獵時，或是和其他狗一較地位高下時。只是，當挪威獵犬能清楚發出信號讓其他同類解讀的同時，下巴垂垂、眼皮又皺成好幾層的巴吉度獵犬，卻很難讓人看出他的表情。

安全第一

新研究顯示，4歲以下的小孩，和年紀稍大的小孩相比，比較不那麼能了解狗狗的行為。他們會比較注意狗的臉部表情，而忽略了狗狗的動作。因此，他們可能會把一隻害怕的狗，看成一隻高興的狗；而狗狗一旦害怕，幼童就有被咬的危險。

什麼是「安全」的表情？

· 天下太平：放鬆的臉。
· 歡迎熟人：耳朵放鬆、嘴巴輕鬆地打開，這是一種「歡迎的露齒笑」。這種友善的服從，相當於人類在微笑。

什麼是「危險」的表情？

· 警戒威嚇：耳朵豎立、眼睛瞪著你、鼻子皺起來、尾巴和背毛豎立。千萬別靠近這狗，他可能會攻擊。
· 服從：耳朵向後貼、眼神游移、舔嘴唇、頭低低的、身體和尾巴也都放低。
· 矛盾的服從：表情很像服從，但是頭抬得比較高、眼睛瞪著你、露出緊張的「假裝露齒笑」。狗狗可能會因害怕，而咬人。

某個區域內,其他狗留下的氣味,對一隻狗來說,是很重要的資料。狗狗抬起、翹起他們的腳,對著樹幹排尿,想用自己的尿液,來「蓋過」其他狗狗尿過的氣味。一隻狗在檢查另一隻狗時,也是從對方臀部排尿生殖區的氣味,來辨識身分及確定性別。

強勢公狗特別愛做記號

排尿做記號,比較像是公狗的特殊行為,尤其是體內睪酮指數比較高的強勢公狗。我們必須了解,狗狗有一種強烈的衝動,想在他們的領地上做記號(偶爾,母狗也會像公狗一樣做記號,只是不是對著街燈柱、或其他直立物體)。

一般來說,有領域性的動物如貓,「領域」是指防禦的範圍;相較之下,「活動」範圍是指生活的地方。然而,由於狗的祖先經常遷移,所以狗狗對群體的依屬感,比他們對領地的依屬感來得強。

狗狗會強烈保護自己在家裡、花園內的活動空間,特別是門、出入口、柵欄等這類較常出現外來新奇事物的地方;對於群體共同擁有的區域,他們會特別在意與把握所有權。過去,狗狗的祖先經常遷徙居住地;現在,狗狗認為人類家庭就是他所屬的「群體」,整個居家環境成了他們的活動範圍,於是傾向在所到之處做記號。

散步時也要尿一下

狗狗做尿液記號,不僅限於生活區域。一隻強勢的狗,在經常性的散步途中,便會常常停下來排尿,留記號。做記號的排尿,與一般的排尿不同,做記號時所排尿量較少,狗狗做完記號,還會在四周用力聞一聞,確定其他的味道。

做完記號後,狗狗還會有一種儀式性動作,那就是在地上,前後腳並用地向後扒,好像要在身後弄個小土堆似的。通常,狗不會在剛剛做過記號的地方抓扒,而是在緊鄰的一旁,做出一個可以讓人注意到記號的標誌。

尿液記號知己知彼

做記號,是一種勢力及所有權的表示,狗狗因而經常直接把記號,做在其他狗的記號上。當一隻新的狗狗來到這個社區,並且留下記號,原本就住在這個社區的狗,就會更頻繁地做記號,以重新建立他的領地所有權。

記號的功能,不在於標示領地的邊界,因為記號範圍,通常比領地來得大。狗狗自己的氣味,可讓他們確定自己在領地範圍內活動的權利。同時,嗅聞其他狗狗的氣味,不僅可知道還有哪些狗的存在,對一隻強勢的狗來說也是種挑戰,除了知道對方的性別,尿液氣味還能給他很多有用的資訊。

對性成熟前的公狗來說,做記號一點都不重要;直到青春期,他們才會開始做記號。

不尋常的姿勢

狗狗尿尿時擺出的姿勢,通常很有創造力。典型動作是,公狗會抬起腳、對著樹幹或燈柱解放。有的狗則是蹲著,或像體操選手一樣,用前腳倒立,靠在垂直物體上;若嫌倒立還不夠大膽,有時還會用前腳撐起蹲姿下半身,懸空排尿。

我是英國鬥牛犬

2

狗狗的品種

16 依工作專才選擇品種

早期笨重圓臉的大型獒犬、健壯的視力系獵犬(因視覺敏銳,常被用來當狩獵夥伴),隨著時間演變,至今已發展出更多不同的品系。此外,地理條件不同,也讓適合當地氣候的狗得以生存,像是寒冷地區的狗大多毛皮厚重。漸漸地具歷史意義的天然種與人擇種的混合後代開始出現,然後為了賦予不同功能特別挑選出的體型及品種(例如:荷花瓦特犬),也開始出現。

今日現存的狗種,與18、19世紀的古老狗種,仍有許多相似處。當時,隨著人們往都市遷徙,生活方式漸漸機械化和工業化,人力及犬力的需求也愈來愈少。不過,當郊區逐漸發展、人們休憩時間增加,新狗展有了觀眾,也促使了品種的形成。

英國畜犬協會&美國繁殖者協會

19世紀,人們已開始將狗狗品種進行分類,但只是區域性規模,並未全世界統一。1873年的英國畜犬協會(Kennel Club, KC)、1884年的美國繁殖者協會(American Kennel Club, AKC),分別制定的分類系統,是依當時仍需工作的狗狗功能而定,因此可反映出不同品種的狗狗,適合做的工作。此兩種分類系統的分法大致相同,但並非完全一致。舉例來說,美國繁殖者協會,將捲毛比熊犬、羅秦犬列為「非運動犬」,但英國畜犬協會則將他們歸為「玩具犬」。

以下所述分類,大部分是依人們熟悉的分類做說明,同時採用美國和英國協會的標準,以取得平衡。
◎ 英國畜犬協會:獵犬、槍獵犬、梗犬、工作犬、牧羊犬、通用犬、玩具犬
◎ 美國繁殖者協會:獵犬、運動犬、梗犬、工作犬、畜牧犬、非運動犬、玩具犬

超越「品種」

由於狗狗的品種繁多,其實沒有任何一種分類方法,能真的包括所有品種。首先,我們所知道的品種,遠比已註冊的品種還多;像是,帝斯蒙·莫里斯(Desmond Morris)便研究過1千個以上的品種。

貴賓犬以前是工作犬?

某些品種,甚至在同一種分類法之下,被歸納到不同的分類項目。例如,貴賓犬在英國畜犬協會的分類中屬於「通用犬」,在美國繁殖者協會的分類中則是「非運動犬」。歷史記載,貴賓犬(其英文原名Poodles,是由德文「Puddeln」而來,意思是狗狗在水邊奔跑時,「濺起的水花」)是工作用的水邊尋回犬;尋回犬也算是槍獵犬的一種,他們嗜水、很會游泳、嗅覺好,通常具有防水的雙層毛。在水鳥獵捕行動中,當獵人打落水鳥,水鳥掉到水面上,尋回犬就會把水鳥撿回來(題外話,黃金獵犬就是一種水邊尋回犬)。由此可知,今日的貴賓狗因為扮演「時尚」角色,而使他在分類法中改變了歸類。

狗狗怎麼分類

1755年,布馮(Buffon)根據狗耳朵的形狀,為狗狗分類。19世紀,克維爾(Cuvier)則依頭骨形狀,訂定分類方法。也有依外觀進行的分類法,像是外觀相近的絨毛狗類。現在,出現了一種新的分類方法,是依狗狗的DNA鑑定做品種分類(請參P15「狗狗的DNA品種分群圖」)。此外,英國與美國的分類,自有相同與相異之處。

狗的育種,重點在於選擇。例如,牧羊人之所以選擇畜牧犬,是因為他會聽從指示,不做追逐和攻擊的動作;追蹤型獵犬,主要特點在於優秀的視力(例如蘇俄牧羊犬、格雷伊獵犬),或是氣味辨識力(例如尋血獵犬);在歷史上,人們根據體型挑選保衛和攻擊犬,例如守衛羊群的庫瓦茲犬。

可卡特別受教

藉著一系列的行為測試,我們可知,狩獵品種(米格魯、巴辛吉、可卡、梗犬)在沒有食物獎勵下,仍能在工作行為測試中拿高分;但是為了聽從指示、執行複雜工作而育種出來的喜樂蒂牧羊犬,得分則不高。

在訓練中,即可觀察到不同品種之間的表現差異,所以別期望每個品種都能表現一致。在開始訓練時,巴辛吉會頑強地抵抗牽繩,但是10幾天後便會穩定下來,並接受牽繩;他們雖不吠叫,卻會用嚎叫來表示抗議。喜樂蒂牧羊犬,也不會馬上接受牽繩,而且訓練早期會故意在飼主腳邊彎彎曲曲地繞來繞去。相較之下,可卡、米格魯、梗犬,很容易就能接受牽繩。

在一般的品種比較測試中,可卡大致都很容易接受訓練,巴辛吉、米格魯就要多花點心力訓練。在可卡和巴辛吉、米格魯這兩個極端例子中間,喜樂蒂牧羊犬和剛毛狐梗,在某些項目中得分很高,而某些項目得分也很低。

每隻狗都是獨一無二的

狗狗的品種和行為,決定其特殊個性。其實,每隻狗都是一個個體,狗狗的個性和人一樣,也會受到過去經驗影響(特別是狗狗的早期生活)。幼犬是否經過適當的社會化,將對日後生活產生很大的影響。你的狗狗可能會顯得特別強勢或弱勢,有自信或沒安全感,配合度高或底;但其實,就像人是很複雜的一樣,大部分的狗狗,都混合了上述所有特質。

基因遺傳影響所及,不僅是品種間的外表差異,還有潛在行為表現。雖然經過數世紀挑選,人類已培育出某些特定犬種,但一直要到19世紀末期狗展的出現,才開始有了「標準狗種」。標準狗種的定義,不僅僅是指狗的來源,還有育種時的挑選方式。從前培育來進行攻擊的犬種,可以再被育種成比較溫和的品種。

像小狗的成犬

庇里牛斯山犬很娃娃臉

某些成犬的外表,保留了像狼一樣「成熟」的尖鼻口,但是其他狗狗卻有著下垂的耳朵、圓滾滾幼犬般的臉龐,例如庇里牛斯山犬。這種家禽看守犬,幾乎不會產生掠奪行為;相反地,尖口鼻的格雷伊獵犬、以及其他視力系獵犬(因視覺敏銳,常被用來當狩獵夥伴),掠奪性就很強,一看到獵物就發動攻擊。

德國牧羊犬頭型像狼

其中,槍獵犬會進行狩獵(例如:可卡),但是他會被抑制,不得殺死獵物。實際上,所有狗和狼的幼犬,出生時都呈圓臉,但在大約4個月大時,臉型會開始漸漸接近成犬的臉型(或大小)。成犬之所以會形成不同的頭型,是因頭骨生長的比例不同所致;例如,德國牧羊犬的頭骨發展比例,就和古代的狼相近。然而,在圓頭的極端例子裡,鬥牛犬的鼻骨便成長地非常緩慢,導致鼻骨與上顎緊緊相連。

基因的異時性(heterochrony,希臘字「改變的時間」)決定品種間發展不同外表的時機。具有幼態持續(neotony)基因的犬種,體格發展緩慢,故成犬體態與幼犬體態較接近。同樣地,發展時機影響四肢骨頭的生長,也決定了狗狗的身高。

巴辛吉 柔狗耳朵

獵犬的來源,可追溯到中東早期的視力系獵犬(因視覺敏銳,常被用來當狩獵夥伴),而且是人類最早用來狩獵的狗。視力系獵犬留下一群快速、健壯的獵犬後代,包括格雷伊獵犬、東非獵犬、阿富汗獵犬,後來的嗅覺系獵犬速度沒有這麼快,但是耐力較強。中世紀時,獵狗為皇家成員獵鹿專用的犬種,數世紀後他們被用來獵狐。如果你飼養獵狗做為寵物,要注意他們祖先流傳下來的血脈,獵人還是活在他們體內!

巴辛吉

體型:
公
43公分(17英寸)
11公斤(24英磅)

母
40公分(16英寸)
9.5公斤(21英磅)

這是最古老的獵狗品種,因不吠叫而出名;然而,他們也並非真的很安靜,當他們興奮時,會發出一種「假音」。

個性:古老的巴辛吉,可能會讓人覺得他們非常獨立又冷漠,特別是對陌生人。這種狗經常保持警戒心。他們不會馬上接受牽繩、而且有控制上的問題,例如小時候可能會咬東西、經常想支配家裡其他的狗。巴辛吉的好奇心很強,而且是很好的生活伴侶。他們很愛乾淨,而且沒有「狗」的氣味,會像貓一樣,仔細清潔自己的身體。

運動:喜歡快走,但只要中量就足夠了。不喜歡溼冷的天氣。

梳理:少量。

阿富汗獵犬

體型:
公
74公分(29英寸)
27公斤(60英磅)

母
69公分(27英寸)
22.5公斤(50英磅)

非常漂亮、像裝飾品一樣的狗,起源於阿富汗山區,原本是追捕獵物的視力系獵犬。可能是東非獵犬的長毛變種,可適應較寒冷的天氣條件。

個性:阿富汗具有一種優秀高貴的氣質,看起來總是很高雅。雖然很溫柔親切,其實是滿強勢的狗;可能會忽略主人的要求而特立獨行,除非飼主能在一開始就讓他知道,主人才是擁有較高領導地位的那一方。另外,阿富汗習慣忽略訪客。

運動:需要從事很多運動,而且喜歡跑步。

梳理:每天需要花很多時間,梳理他光亮的毛髮,以防打結。

格雷伊獵犬

體型:
公
76公分(30英寸)
32公斤(70英磅)

母
71公分(28英寸)
27公斤(60英磅)

只有印度豹能跑得比格雷伊獵犬快,而且格雷伊獵犬被認為是最古老的品種。從前,他們是國王所飼養的狗,可以用一種爆炸性的速度抓住獵物,疾病可達每小時64公里時速(每小時40英里)。他們的畫像,經常出現在許多朝代的紀錄圖畫中。

個性:雖然格雷伊獵犬擁有運動員般強健的體格,但其實個性很溫柔、富有感情。不僅在狩獵工作方面表現良好,對家庭生活也能適應良好。他們和陌生人也能處得很好,但會追殺小動物,會追趕、並抓住想逃的貓。基於這些原因,請小心選擇可讓他們好好運動的安全開放空間。

運動:需要跑步,但因為格雷伊獵犬是短跑選手而非長跑選手,所以中度的運動量就足夠了。

梳理:少量。

這裡列出的狗狗身高及體重，僅供參考。另外，狗狗的身高，是由肩胛骨測量起（請參考P8～9）。

這是一種需要活動空間的動物，也是目前所知體型最大的狗種。傳說中，愛爾蘭獵狼犬以很會追逐、並消滅狼而得名，他們在18世紀時，確實曾幫助愛爾蘭人消滅狼群。

個性：他們是溫柔的巨人。對家人、陌生人、小孩通常都很友善；雖然可能會因為體型過大，而不小心推倒小孩。愛爾蘭獵狼犬在家的時候，可能會很愛睡覺，但要小心，別在散步途中，讓他們的追逐天性被激起，因為這可是體型很大、不易控制的狗。

運動：喜歡有一點速度及距離的散步，只需要中度的運動量。

梳理：粗粗的毛髮，需要經常梳理。

愛爾蘭獵狼犬

體型：
公
79公分(31英寸)
55公斤(120英磅)

母
71公分(28英寸)
41公斤(90英磅)

巴吉度獵犬，他們因跑步速度快而聞名。當他們在追逐氣味時，擁有徹底的決心。因為腿短，他們很適合和步行的獵人一起工作。巴吉度是從法國發展出來的，但19世紀時在英國與尋血獵犬混種，因而生出一種耳朵很長、而且表情哀傷的獵狗。

個性：穩定且溫和，不具攻擊性、感情豐富。但如果巴吉度準備要攻擊某個目標，就會變得很固執。他們不容易興奮，活動力不強，容易接受訓練，也沒有什麼破壞力。他們的聲音特殊又響亮，是很有個性的狗狗。

運動：穩定即可。

梳理：不費力。

巴吉度獵犬

體型：
公
38公分(15英寸)
23公斤(50英磅)

母
33公分(13英吋)
20公斤(44英磅)

有關這個品種應該歸在哪個分類，已經爭議很久了。他們的祖先可能是獵犬，但因為是在獲之後才被挑選育種出來，功能應該是與梗犬相同。這種狗有許多不同的變化種，但最迷人的變化種是長毛品。但這個品種因背脊長、腳短，容易有背部病變問題。

個性：臘腸狗很溫柔、情感豐富、通常脾氣很好。很喜歡當看家狗，對於他所認定的入侵者反應會很大，可能會出現領域性的防衛動作。

運動：不需要。

梳理：長毛品的毛髮需要經常梳理，因為毛髮很容易沾上泥巴。

臘腸狗

體型：
標準
20～25公分(8～10英寸)
9～12公斤(20～26英磅)

運動犬、槍獵犬

運動犬、槍獵犬組成了一個非常容易辨認的分類群,他們原來的角色,是協助狩獵、尋回獵物;他們不太容易興奮或很吵,所以是很好的生活伴侶。世上兩個一致受到好評喜愛的品種:拉布拉多、黃金獵犬,都是這個分類中的狗狗。

愛爾蘭紅白賽特犬

體型:
公
69公分(27英寸)
29公斤(65英磅)

母
63公分(25英寸)
27公斤(60英磅)

這是愛爾蘭歷史上著名的「賽特犬」。在狩獵場上,紅白賽特犬,遠比表親「紅賽特犬」受歡迎,這是因為他們身上的白色毛皮比較容易辨識,所以比較不會被獵人誤射。當然,這兩種都是充滿精力的賽特犬,他們在找尋獵物前,會像切披薩那樣,有系統的把區域分成「四等分」,然後每一塊依序搜查,直到找到獵物為止。找到後,就會靜靜蹲下,等獵人射擊那些鳥。

個性:英國畜犬協會對他們的描述是:「愉快、個性好、感情豐富」身為一個運動員,他們精力充沛且活潑,因此接受訓練時,態度不夠堅定,需花費比其他槍獵犬更多時間來訓練。一旦訓練完成,他們會成為值得信賴的好伙伴。另外,紅白賽特犬,不像紅賽特犬,那麼容易興奮。

運動:需要很大的活動量。

梳理:他們漂亮的「羽毛」,簡直就是吸引泥巴與芒草沾黏的磁鐵,所以需要經常整理毛髮。

布列塔尼獵犬

體型:
公
53公分(20英寸)
15公斤(33英磅)

母
49公分(19英寸)
14公斤(30英磅)

布列塔尼獵犬,是體型最小的法國獵犬,法國品種協會對他們的描述是:「麻雀雖小,五臟俱全」。別管名字暗示了什麼,其實他們主要是指示尋回犬,這是一種在19世紀時期,由賽特犬和英國指示犬混種而產生的後代。這種結合,讓他們可勝任狩獵場內大部分的工作(例如:確認獵物位置、追捕及尋回獵物等等)。

個性:布列塔尼獵犬,具有充滿活力、靜不下來的天性,喜歡討好人,這些特性在狩獵場和家裡都可以觀察到,因而在狩獵場能和主人緊密相配合。雖然他們很愛玩,而且通常和陌生人、小孩都能相處得很好,但還是要注意某些不是這種個性的血統。

運動:若擁有大量運動,可長得很強壯,而且具有絕佳耐力。

梳理:不需要。

拉布拉多尋回犬

體型:
公
58公分(23英寸)
26公斤(58英磅)

母
56公分(22英寸)
24公斤(53英磅)

我們通常稱呼他們「拉布拉多」,這是全世界最受歡迎的純種狗。雖然他們給人的印象,是十分高價的英國紳士槍獵犬,但身世起源卻並非如此。他們從前是紐芬蘭漁夫的狗,在冰冷的加拿大海工作,咬住軟木浮標,幫漁夫收網。19世紀時,他們被漁夫帶往英國,由於「嘴巴很軟」不會傷及獵物,拉布拉多於是成為很受歡迎的槍獵犬。

個性:拉布拉多最有名的,就是他們體貼的個性。他們深受人類喜愛,被視為家人摯愛的寵物。通常和小孩相處得很好,也很喜歡和人類家庭相處。這種聰明的狗狗,友善、且容易訓練。

運動:需要經常性的強烈運動,若是缺乏運動會變得愛亂咬東西。不怕水。

梳理:雙層短毛,有絕佳的防水性,經常性的簡單梳理,就可維持。

人類培育並訓練不同種類的運動犬，不讓狗狗僅隨本能進行追逐和捕抓，而希望他們聰明執行狩獵中不同階段的工作。例如，指示犬，是用來尋找狩獵目標，找到後得站直，指示獵物的位置；賽特犬，也用來尋找狩獵目標，但他們懂得蹲伏在火線以下；獵犬，則將鳥嚇飛，使鳥飛入網內或火線之上；尋回犬，找尋掉落的獵物，並將獵物啣回。

這裡列出的狗狗身高及體重，僅供參考。另外，狗狗的身高，是由肩胛骨測量起(請參考P8~9)。

黃金獵犬

體型：
公
60公分(24英寸)
36公斤(80英磅)

母
56公分(22英寸)
24公斤(53英磅)

這種超棒的狗，不僅是受歡迎的寵物，也很受野外運動人士的歡迎。這個品種，是在19世紀中期，由崔斯莫士爵士(Lord Tweedsmouth)培育出來，是捲毛尋回犬、崔德水獵犬混種而生下的後代。

個性：仁慈、溫和、聰明、有自信，能忍受小孩，並且很忠心。黃金獵犬是絕佳的家庭狗。容易訓練，他們喜歡田野工作，並保有愛玩的天性。對主人不強勢，而且不易對其他狗產生攻擊性。黃金獵犬雖是稱職的看家狗，卻不過分愛吠叫。

運動：喜歡到戶外，而且喜歡時間久、又耗體力的步行。有機會游泳，會非常高興。

梳理：每天都需要梳理毛，要注意照顧下層的毛。尾巴也需要梳理，把沾到的泥土清乾淨。

匈牙利維斯拉獵犬

體型：
公
64公分(25英寸)
30公斤(66英磅)

母
60公分(24英寸)
25公斤(55英磅)

匈牙利維斯拉獵犬，擁有聰明的長相。維斯拉，是匈牙利的國犬，有時也被稱作「匈牙利指示犬」。維斯拉的毛色，是讓人驚艷的黃金褐色，在匈牙利被認為是很優秀的指示犬／尋回犬。他們的祖先可追溯自1千年以前，隨馬札兒人抵達歐洲的狗狗。

個性：活潑、但溫柔敏感，聰明、且容易訓練的維斯拉，對溫和堅定的訓練方法能有很好的回應。維斯拉天性富情感，但可能會過度關切保護，運動不足可能會變得愛鬧、或具破壞性。

運動：多跑跑走走，可維持身體健康。喜歡游泳。

梳理：短且細密的毛髮具有光澤，使用堅固的刷子梳理，就可輕鬆整理好。但罕見的長毛品種，就需要每天梳理。

英國史賓格可卡犬

體型：
公
48公分(19英寸)
18公斤(40英磅)

母
46公分(18英寸)
16公斤(35英磅)

史賓格的角色是，使鳥受到驚嚇飛入空中，歷史記載寫著，藉此讓老鷹可抓鳥，後來就演變成讓槍可以射擊鳥。這種大型可卡，後來又被培育出多種不同的可卡品種(除了克倫柏)。英國畜犬協會對他們的標準描述是：「血統古老純正，最古老的運動槍獵犬品種」。

個性：友善、愉快、熱情、很愛玩。順從的天性，讓他們很容易接受訓練。他們對小孩通常也很有耐性，對外向、活潑的家庭來說，史賓格可卡犬是很棒的家庭寵物，但是需要適量運動。

運動：喜歡經常性進行強而有力的運動，耐力很好。

梳理：毛皮只要簡易梳理就可以輕鬆整理好，但腳上的毛很容易沾到泥巴，毛茸茸的耳朵也需注意清潔。

20 梗犬

梗犬是有名的「地面工作者」。最早，是羅馬人入侵不列顛時，發現了這些狗，並稱他們「terrarii」(來自拉丁字根「terra」，意思是土地)，這名字自此流傳下來。他們是堅定、充滿毅力的「有害動物控制者」，而且大都來自不列顛。有些會進到地洞捕抓獵物，有些則在地面捕捉地洞動物，例如老鼠、兔子、狐狸、獾等等。

牛頭梗

體型：
48公分(19英寸)
32公斤(70英磅)

牛頭梗雖然被分類為梗犬，但其實是專門培育來當戰鬥犬。鬥牛活動在1835年被禁止，賭徒轉而鬥狗，這種狗，就是由英國鬥牛犬、黑褐梗犬混種而來。當鬥狗被禁止時，他們就變成一種表演狗。在《Oliver》一戲中，比爾‧希奇斯(Bill Sykes)的狗「牛眼」，就是一隻牛頭犬。

個性：他們有強而有力的咬勁、決心、極強的忍痛度，如果在幼年時，沒有和其他狗狗相處，好好進行社會化，長大成犬，可能會對其他狗造成危險。牛頭梗通常和人類相處得很好，並且會對主人全心奉獻，但需特別訓練，如何和陌生人、小孩相處。遇到貓時，要特別小心他們可能過激的反應。

運動：喜歡運動，經常需要適度運動。這個品種擁有獨特個性，所以在公眾場合，要讓他走在前面。

梳理：非常容易，他們的毛皮短而平坦，只要用舊布擦去上頭的髒東西即可。

凱恩梗

體型：
公
33公分(13英寸)
8公斤(18英磅)

母
30公分(12英寸)
8公斤(17英磅)

凱恩(Cairn)，是指一堆堆的石堆。凱恩梗名字的由來，是因為在遍植石南植物的蘇格蘭西高地附近，這些小型梗犬會獵殺藏在石堆裡的齧齒動物。據說，他們是古老的蘇格蘭梗品種，其粗粗的毛皮，可使他們抵擋高地氣候。

個性：活潑、喜歡爭吵、忠心、有勇氣、充滿活力、無懼、警戒，而且對飼主充滿感情，他們確實是梗犬的原型。凱恩梗很容易興奮，而且喜歡吠叫，容易對玩具有強烈占有慾，還可能傷害貓。但無論如何，他們很容易接受訓練。

運動：喜歡在花園裡跑步，如果沒有這種發洩途徑，便需經常帶他們出去散步。

梳理：雖然毛很粗，但1個禮拜只需梳理幾次就可以了。

愛爾蘭軟毛梗

體型：
公
50公分(20英寸)
20公斤(45英磅)

母
48公分(19英寸)
18公斤(40英磅)

愛爾蘭軟毛梗的毛，真的很柔軟。雖然他們被認為是愛爾蘭最古老的梗犬，但如今在愛爾蘭卻不常見，反而在美國很受歡迎。從前，他們被用來挖掘、獵捕狐狸和獾；同時，也是一種常見的農家狗，負責捕殺老鼠、趕牛、看守。

個性：脾氣好、友善、活潑、精力充沛。愛爾蘭軟毛梗是優良的看守犬，聰明且容易訓練。強烈的狩獵直覺，可能會造成他們與貓、其他小動物相處的問題。所以，讓他們好好進行社會化是很重要的，否則他們對其他狗或主人，可能會有太強勢的問題。

運動：需要經常性的中等／強度運動。

梳理：在幼犬時期，即開始每天進行梳理是很重要的。中齒梳，可有效避免他們的單層毛打結。

這裡列出的狗狗身高及體重，僅供參考。另外，狗狗的身高，是由肩胛骨測量起(請參考P8〜9)。

這種短腿狗狗，來自天氣嚴峻的蘇格蘭西部島嶼，16世紀，他們出現在約翰‧卡喬斯(John Cajus)的敘述中，被用來獵捕狐狸、獾、鼬鼠、水獺。他們最有名的是，身上的硬毛、特殊的耳朵，因維多利亞皇后、亞莉山卓皇后而大受歡迎。現代品種的斯開島梗，毛較軟。

個性：斯開島梗對飼主感情豐富，但可能會攻擊不認識的人，所以最好和陌生人隔開。他們和其他狗狗相處，也可能會有問題；和相似的小型梗犬在一起，也可能會有很大的反應，很容易激動，而且會對貓造成危險。英國畜犬協會對此品種的標準稱號是：「一人專有」狗，他們可能會有太強勢的問題。解釋一下，「一人專有」是指，飼主不宜再養其他動物，因為斯開島梗不想和別的動物分享主人，而且他們也無法適應更換主人。

運動：經常需要適度運動。

梳理：斯開島梗擁有雙層毛，外層毛較長，內層則是柔軟似羊毛的短毛。需要每天梳理。

斯開島梗

體型：
公
26公分(10英寸)
11.5公斤(25英磅)

母
25公分(10英寸)
11公斤(24英磅)

這種小型的西盎格魯品種，從他們第一次在英國被發現以來，大約已有40年。羅福梗，是他們祖先的小小變種，是豎耳挪威梗的垂耳種。羅福梗和豎耳挪威梗，都起源自19世紀劍橋大學的小型捕鼠梗犬。

個性：英國畜犬協會對這種狗的標準描述是：「小惡魔」。其實，這些大膽的小狗不只對主人情感豐富，通常也不會和其他狗狗爭吵，對陌生人也很友善。他們會追貓，所以需要好好進行社會化訓練。

運動：喜歡鄉野散步，對地上發現的小洞，非常有興趣。

梳理：1年需要兩次專業修剪。

羅福梗

體型：
25公分(10英寸)
6.5公斤(14英磅)

這種最古老、最矮的愛爾蘭梗犬品種，起源得回溯到17世紀。在威洛山區的生活，使他們擁有強健的個性及外表。從前，他們的工作是獵獾，雖然體型不大，但可是充滿勇氣。他們並非常見的品種，但都深受飼主喜愛；與一般梗犬不同的是，他們安靜多了。

個性：主動、獨立、充滿好奇心，對飼主富有感情、且容易訓練。依馬阿峽谷梗犬很勇敢，但可能太容易激動，而且就像大部分梗犬一樣，他們對貓有危險性，也可能對其他狗狗有攻擊性，所以需要好好進行社會化訓練。。

運動：喜歡中量到大量的運動。

梳理：粗質地的毛，不需太常梳理，中等程度照顧就足夠了。

依馬阿峽谷梗犬

體型：
36公分(14英寸)
16公斤(35英磅)

我是阿拉斯加雪橇犬

在英國的傳統分類中,被分在「工作犬」這一類的狗狗實在太多了,所以美國及其他國家,又把工作犬細分為工作犬、畜牧犬。現在,英國也把原本的工作犬品種,再劃分為工作犬、牧羊犬;這其中,工作犬指的是搬運或拖拉犬(例如:哈士奇)、看守犬(例如:牛頭馬士提夫犬)。

伯恩山犬

體型:
公
71公分(28英寸)
50公斤(110英磅)

母
66公分(26英寸)
45公斤(100英磅)

阿爾卑斯山伯納犬是帥氣的瑞士山犬,又稱「起司狗」,因為從前他們主要的工作是,把裝了起司和其他農產品的小車,拉到市集去。此外,他們也可以是一般的山農場犬,也可趕牛。

個性: 這種狗臉上看起來總是帶著微笑,是一種愉快、忠心、積極、有自信的狗,通常是絕佳的農村家庭犬,經過良好的社會化後,與小孩也能相處得很好。然而,伯恩山犬忠心的個性,會使他們在成年後,難以接受新的飼主,而且要小心某些血統可能有攻擊性問題。

運動: 需要經常性的適度運動。

梳理: 每日的基本梳理,是必要的。

牛頭馬士提夫犬

體型:
公
69公分(27英寸)
60公斤(130英磅)

母
66公分(26英寸)
50公斤(110英磅)

這種令人印象深刻的看守狗,是在19世紀,由牛頭犬、馬士提夫犬混種而來。從前,牛頭馬士提夫犬是獵場看守人所養的狗,會追捕、壓倒盜獵者。由於他們是從原型牛頭犬混種而來,這種狗的臉沒那麼扁平,因此他們不像現代牛頭犬,很容易有呼吸方面問題。

個性: 身為看守狗,牛頭馬士提夫犬可不輸任何狗狗。他們很沉著冷靜、忠心、對小孩有耐心,不會故意撞倒小孩。但是,出門散步時,他們需要由強壯的主人牽著,需進行社會化訓練,以避免攻擊其他狗、陌生人。

運動: 喜歡中等程度運動。

梳理: 簡單。

西伯利亞哈士奇

體型:
公
60公分(23英寸)
24公斤(52英磅)

母
54公分(21英寸)
19.5公斤(43英磅)

哈士奇,是所有雪橇犬的總稱,再依地區不同來細分。在阿拉斯加,阿拉斯加雪橇犬,是一種大型的重物拖拉犬;而最接近舊世界犬的,就是西伯利亞哈士奇的古代品種,處克其人(Chukchi)會利用他們載運較輕的貨物,跑長距離的路途。

個性: 這些漂亮的狗,是為了在寒冷的天氣下拉雪橇而生的,並不是為了在都市近郊生活。若是缺少運動,他們會變得具破壞性,且從花園挖洞跑出去。西伯利亞雪橇犬友善、溫和、安靜、聰明、不易興奮;但是,他們因為毛皮厚重,而不適合在天氣炎熱的地區生活。

運動: 需要大量、強有力的運動,例如他們喜歡拖拉裝有輪子的船具。天氣炎熱時,要避免過度運動。

梳理: 他們的毛皮厚重,所以每個禮拜都要梳理好幾次,尤其是換毛時,更要多費心。

這裡列出的狗狗身高及體重,僅供參考。另外,狗狗的身高,是由肩胛骨測量起(請參考P8～9)。

拳師犬在外表或活動力方面,很像早期的牛頭犬。拳師犬的祖先德國牛頭犬,從前在德國,被用來鬥牛、獵捕野豬。1895年,第一隻註冊的拳師犬,是德國牛頭犬、白英國牛頭犬混種的後代。

個性:拳師狗對人類家庭很忠心,而且通常對小孩很好,但可能很愛鬧。他們對訓練的反應很好,並且經常用於軍隊及守衛工作。公成犬可能會攻擊其他狗,因此需要社會化訓練。拳師犬可能會過度關愛保護家人。

運動:每天都需要強有力的運動及玩耍。小孩在沒有大人監督的情況下,不能獨自帶拳師犬出門散步,因為這種狗會追逐其他狗。

梳理:很簡單,因為他們的毛短又滑順。但要小心,他們會把口水滴在你的衣服上。

拳師犬

體型:
公
63公分(25英寸)
32公斤(70英磅)

母
59公分(24英寸)
27公斤(60英磅)

聖伯納,是集所有「最」於一身的狗狗:他們是體型最大、體重也最重的古老血統狗狗。他們在瑞士山區救援受難的人,是很有名的救難犬。聖伯納的祖先,可能是做為看守犬的「獒犬」。18世紀,一處山區旅客住宿點(由St Bernard de Menthon設立於西元980年),開始利用這種狗狗,進行搜索、救援受困旅客的工作。19世紀時,他們的體型被培育得更大了。

個性:溫和、友善、莊重、穩定、有愛心,而且通常和孩童相處得也很好,這種聰明的狗狗在訓練之下,能學習得很好。但無論如何,體型和力氣這麼大的狗狗,如果沒有經過適當的訓練和教育,即使戴著牽繩,還是可能會造成問題。某些血統,可能會有過於強勢的問題。

運動:需要經常性的適度運動。

梳理:每天,都可輕易地用梳子及刷子整理毛皮。需注意每年兩次的換毛。

聖伯納

體型:
公
最高91公分(36英寸)
90公斤(200英磅)

母
最高64公分(26英寸)
70公斤(160英磅)

這個匈牙利品種被描述為:「比較像一塊粗繩毯,而不像一隻狗。」但是不要被騙了,他們是體型很大的狗。可蒙犬的特殊毛皮,可讓他們隱身在一群綿羊之中,但可蒙犬其實不是畜牧犬,而是守衛犬,他們會突然襲擊。

個性:雖然他們會對主人犧牲奉獻,可蒙犬天生的守衛個性,會讓他們對陌生人保持小心翼翼的態度,而且可能會攻擊其他狗、或陌生人。我們看不到這種狗的臉部表情,所以很難判斷他的心情。可蒙犬不適合太容易受到驚嚇、或生活在都市的飼主。

運動:需要中等程度的運動。

梳理:他們的皮毛沒辦法梳或刷,為了避免產生大面積的打結,他們的毛常被處理成一條一條的粗辮子。毛皮很容易沾上髒東西。

可蒙犬

體型:
公
65公分(25英寸)
51公斤(112英磅)

母
60公分(24英寸)
50公斤(110英磅)

22 牧羊犬、畜牧犬

有一群家畜的地方，通常都有一隻畜牧犬。這種狗狗大多有厚厚的毛皮，以抵擋山邊的天氣(也可能是因為，能更容易混入羊群中)。牧牛犬的體積就比較小，例如柯基犬。為了讓畜牧犬能做好畜牧工作，人類在育種時，便抑制了他們追捕的天性。

我們是卡迪根柯基犬

長鬚柯利牧羊犬

體型：
公
56公分(22英寸)
25公斤(55英磅)

母
53公分(21英寸)
22公斤(48英磅)

長鬚柯利牧羊犬，也稱「高地柯利犬」，從前，這種狗似乎曾是趕畜人的狗，專門把山邊的羊群、牛群趕到市場。他們是具有歷史意義的蘇格蘭品種，但是起源不明。有一種推論是，現今的長鬚柯利牧羊犬，祖先是與波蘭牧羊犬的混種，500年前才被帶到蘇格蘭。

個性：他們是活潑、主動的工作者，具有很好的耐力，友善、且脾氣好。而且和小孩的互動良好，這個品種已經順利把角色從工作犬，轉移到家庭犬、以及優良的陪伴犬。

運動：需要花時間做很多運動。

梳理：每天都要整理毛髮。

德國牧羊犬

體型：
公
66公分(26英寸)
40公斤(88英磅)

母
60公分(24英寸)
30公斤(65英磅)

德國牧羊犬，也稱「亞爾沙斯狗」，現在，大部分人對這種狗的第一印象，是警犬；因此，雖然他們很普及，但很多人卻很怕他們。不過，德國牧羊犬的起源正如其名，是牧羊犬。

個性：這種狗聰明、學得快、警戒，永遠都在認真工作，是忠心的伴侶，並且服從強壯堅定的主人。如果德國牧羊犬要做為家犬，必須要好好訓練，以及進行社會化。

運動：需要經常運動。

梳理：需要每天刷毛。

英國古代牧羊犬

體型：
公
61公分(24英寸)
36公斤(80英磅)

母
56公分(22英寸)
30公斤(65英磅)

這個品種確實很「古代」，證據顯示，他們早在200年前就已存在。雖然有人曾說，他們是俄羅斯牧羊犬(稱作奧特成Owtchan)與當地犬的混種，然而在很多歐洲國家(包括英國)，都有頭髮蓬亂的長毛牧羊犬、畜牧犬。英國古代牧羊犬，從前是趕集犬、畜牧犬。

個性：英國古代牧羊犬是令人愉快、忠實、沉著冷靜、且順從的狗。一般來說，只要他們不要把小孩弄倒，和小孩相處起來是很好的。但要注意，某些血統可能會有占有慾強的問題。

運動：當一隻英國古代牧羊犬做適度量的散步時，他的步伐就「像熊一樣」；而且其實，跑步也可以跑得很順暢。

梳理：不想花太多時間帶英國古代牧羊犬散步？不可能！你不僅無法減短散步時間，每天也要花上比散步更多的時間，整理他們的毛髮。

這裡列出的狗狗身高及體重，僅供參考。另外，狗狗的身高，是由肩胛骨測量起(請參考P8～9)。

「柯基」這個發音，來自凱爾特語(Celtic)，意思是「狗」。有兩個品種已經分別註冊約75年：彭布羅克(出生就無尾或剪尾，如右圖所示)、卡迪根(有尾，請見左頁標題旁的圖)。這種短腿狗，數世紀以來都是「趕牛狗」，他們會猛咬牛的腳踝，控制牛的移動。他們也被認為是，英國目前所能辨識的最古老品種。

個性：柯基犬，警戒且聰明，相對地，也很容易訓練。但因為他們最早是被挑選出來進行「咬」的工作，所以並不適合和小孩相處(女皇的彭布羅克柯基犬在其任內，一直咬皇宮內工作人員的腳踝，這件事滿有名的)。柯基犬經過適當的社會化訓練後，能和其他狗相處得比較好。

運動：需要中等程度運動。

梳理：防水的毛皮，需經常梳理。

威爾斯柯基犬

體型：
公
31公分(12英寸)
12公斤(26英磅)

母
31公分(12英寸)
11公斤(24英磅)

這種令人感到愉快的牧羊犬，來自蘇格蘭主島北方的席德島，是主島上粗毛柯利牧羊犬的縮小版品種，這是為了要和主島上因嚴酷氣候、而變成縮小版的迷你馬與羊相配合。由於這種尺寸的牧羊犬，剛好適合家庭生活，所以他們是較柯利牧羊犬更為普遍的寵物。

個性：這種警戒、溫和的狗，很聰明，而且很容易訓練。他們對主人敏感、且負責任，會對主人表達他們的感情。但是面對陌生人、愛鬧的小孩、或是其他狗，可能會變得害羞。

運動：喜歡大量運動。陪伴年紀較大、活動量較小的主人時，也可適應，不苛求運動量。

梳理：需要常常刷毛，但是打結處請不要用梳子使力拉扯。幸運的是，喜樂蒂自己會避免身體被弄髒。

喜樂蒂牧羊犬

體型：
公
37公分(14.5英寸)
8公斤(18英磅)

母
35.5公分(14英寸)
7公斤(16英磅)

波蘭低地牧羊犬，看起來像是長鬍柯利牧羊犬的縮小版品種。在波蘭，這個品種被稱作Polski Owezarek Nizinny(波蘭語)。1514年，兩隻波蘭低地牧羊犬從格但斯克(Gdansk)被帶到蘇格蘭，長鬍牧羊犬可能是他們與其他狗混種，產生的後代。這個品種在二次世界大戰時幾乎消失，幸好被一名波蘭獸醫達努那‧何尼威克(Danuta Hryniewicz)救了回來。

個性：警戒、活潑、聰明、且容易訓練，這種狗會嚴謹而有效地牧羊。英國畜犬協會對他們的標準敘述是：「敏銳、且具有絕佳記憶力」。他們的好個性及體型，使他們成為優良的家庭犬。

運動：這種愛鬧的狗需要大量運動，但是不能慢跑或散步時，他們會自動換檔成低速漫步。

梳理：長又粗糙的外層毛、以及較軟的底層毛，需要很多照顧。

波蘭低地牧羊犬

體型：
公
52公分(20英寸)
19公斤(42英磅)

母
46公分(18英寸)
19公斤(42英磅)

非運動犬、通用犬

我是沙皮狗

這不算一個分類！因為這個分類下的狗狗，也能被分到別的類別去。事實上，所有具工作專才的通用狗，都可被分到其他分類去。舉例來說，貴賓犬原本是水邊尋回犬；具歷史意義的非梗犬鬥狗品種、比玩具犬體型稍大的小型陪伴犬，也都被歸在這個分類之中。

柴犬

體型：
公
40公分(16英寸)
14公斤(30英磅)

母
38公分(15英寸)
13公斤(28英磅)

這是一種長相聰明的絨毛狗，他們名字來自日本語，意思是「小狗」。柴犬約起源自2千年前，從前是用來抓小型獵物的獵犬。1937年時，他們被認為是「自然歷史遺跡」。柴犬，也是最受歡迎的日本狗。

個性：柴犬和他們的外表一樣，就是那麼活潑聰明。柴犬很獨立、而且可能會很難訓練。如果主人放縱他們強勢的態度，結果就是，他們會攻擊人和其他狗；但是，柴犬喜歡跟隨態度堅定的主人，學習、並好好地社會化。

運動：需要經常性的適度運動。

梳理：需要用堅固的梳子，經常梳整。

大麥町

體型：
公
63公分(25英寸)
29公斤(65英磅)

母
60公分(24英寸)
27公斤(60英磅)

這是一種運輸犬，可以跟在飼主身旁跑，而不覺得累。可保護主人，又因為毛皮獨特，而可增加飼主的身分地位。這個品種的起源是個謎，其他品種和大麥町好像都沒關聯，而且很可能是在英國產生的突變種。他們的特殊毛皮，使其在杜迪·史密斯(Dodie Smith)的《101忠狗》一書、和後來的電影中，成為不朽的角色。

個性：這種充滿精力的狗，不僅富有感情，而且很聰明。友善的天性、具有斑點毛皮，讓他們深受孩童喜愛。但大麥町如果運動不足，可能會變得很愛惹麻煩。他們需要從小時候，開始接觸人和狗，進行社會化訓練。

運動：需要長距離長、又耗體力的行走。

梳理：需要每天梳毛。

拉薩犬

體型：
26公分(10英寸)
7公斤(15英磅)

當西藏對世界關閉門戶的好幾個世紀裡，達賴喇嘛唯一准許對外送出的禮物，就是這些在拉薩神聖神殿、修道院裡的狗，通常只有中國皇族才能擁有。但是，在19世紀末，某些拉薩犬到達了英國，並於1908年在英國畜犬協會註冊。他們的西藏名字是Apso Seng Kye(毛絨絨的獅子狗)。

個性：拉薩犬在歷史記載中是陪伴犬。他們喜歡陪伴主人，有警戒心，並且容易訓練。但是他們對陌生人很冷漠，小時候就需要練習和其他狗相處。他們的聽力很好，有時候會用過度吠叫，來和主人溝通。

運動：喜歡經常性的溫和運動，也喜歡走路，即使天氣很寒冷，身體也可以很健康。

梳理：外層的長毛、內層的厚毛，需要經常整理。

這裡列出的狗狗身高及體重，僅供參考。另外，狗狗的身高，是由肩胛骨測量起(請參考P8～9)。

這個品種有3種尺寸：標準品、迷你品、玩具品。因為髮型經過特殊修剪，一般人都不認為他們是工作認真的水邊尋回犬。但其實這種修剪方式，是為了減低他們臀部的阻力，並保留一些毛髮來保護關節。

個性：貴賓犬感情豐富，和主人互動良好，且因聰明和學習能力強而出名，所以他們的身影也經常出現在馬戲團表演中。如果經過適當的社會化，通常可以和陌生人、不熟悉的狗都處得很好。標準品、迷你品，都能和小孩處得很好，但是很容易有嫉妒情緒。

運動：標準品，和迷你品、玩具品相比，比較喜歡耗體力的運動。他們需要經常性、且適度的運動，而且在遊戲中喜歡領先別的狗。

梳理：貴賓犬不會掉毛(所以，對狗毛過敏的人很適合養這種狗)，因此需要經常修剪。很多飼主會直接像剃「羊毛」那樣，修剪他們的毛髮。

貴賓犬

體型：
標準品
超過38公分(15英寸)
34公斤(75英磅)

迷你品
低於38公分(15英寸)
6公斤(13英磅)

玩具品
低於28公分(11英寸)
4.5公斤(10英磅)

沙皮狗一出生，就有過多的皮膚，在身體形成許多皺摺，沙皮狗長大後，也還是維持這可愛的模樣。就像鬆獅犬，沙皮狗也有藍黑色的舌頭，因為他們兩者大約在2千年前擁有共同的祖先。沙皮狗，可是中國古代的鬥犬呢，鬆鬆的皮膚讓對手沒辦法緊咬住他們。

個性：這種狗冷靜且獨立，有時甚至有點頑固，但他們通常都是溫柔親切的。雖然個性很好相處，但是他們小時候若沒習慣與陌生人、或其他狗相處，長大成犬可能就會有問題產生。

運動：需要經常性的適度運動。

梳理：經常梳理毛皮是很好的。複雜的皮膚皺摺，會使他們容易罹患皮膚疾病，以及眼瞼內翻，造成失明。

沙皮狗

體型：
51公分(20英寸)
25公斤(55英磅)

這是一種從英國鬥牛犬育種而來的迷你鬥牛犬。後來，他們被帶到北法，發展成為現在的法國鬥牛犬。法國鬥牛犬那直直豎立如蝙蝠般的耳朵，與現今英國鬥牛犬迷你品下垂的耳朵，形成強烈對比。由於身為巴黎妓女的寵物，而使他們開始受歡迎、並有點惡名昭彰，甚至化身法國知名畫家羅特列克(Toulouse-Lautrec)及其他畫家，筆下的個性人物。

個性：活潑、個性好、且富感情。法國鬥牛犬對陌生人也很友善，若是經過訓練，和其他狗也可以相處得很好。

運動：這個品種對運動量不苛求，天氣炎熱時，注意不要運動過量。

梳理：很容易，但是要經常注意臉部的皺摺。

法國鬥牛犬

體型：
公
31公分(12英寸)
12.5公斤(28英磅)

母
26公分(10英寸)
11公斤(24英磅)

玩具犬

我是宗庭約克夏捭

玩具犬,這個分類名稱的意思是「供玩耍的東西」,在某種程度上,這類狗狗在歷史記載中隨處可見,某些品種甚至存在數千年之久。在狗展中,當「玩具犬」這個名詞正式用來稱呼這些品種時,意思純粹是指「非常小」。玩具犬的其中一個特徵是,他們的存在不為別的,就是被培育來當做陪伴犬;事實上,當狗展開始出現後,很多其他品種的狗狗也開始不被當做工作犬使用,而隨著玩具犬的腳步,漸漸成為陪伴犬。

騎士查理王獵犬

體型:
32公分(13英寸)
8公斤(18英磅)

這是最受歡迎的玩具犬品種之一。在17世紀的英格蘭,嬌小的陪伴獵犬是查理二世宮廷內的流行飾物。19世紀後期,查理王獵犬被育種為扁平的臉型,但在1920年代末期,臉型又被改回起初的樣子,這種回到過去臉型的品種,就被稱為騎士查理王獵犬。

個性:溫柔且情感豐富,這種迷人、令人感到愉快、個性活潑的小狗,很容易訓練。就如同歷史記載,他們是很好的陪伴犬。

運動:需要適度運動。

梳理:如絲的長毛,用梳子及刷子就可輕鬆整理。

中國冠毛犬

體型:
公
33公分(13英寸)
最重5公斤(12英磅)

母
30公分(12英寸)
最重5公斤(12英磅)

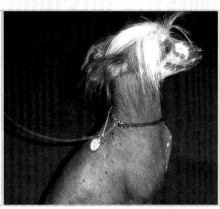

對很多人來說,他們看起來像是奇怪的太空時代狗,除了四肢有如絲的長毛,全身都光溜溜的。雖然他們的外表如此,但應該是來自東方國家,這段歷史記載在1686年出版的《Natural History of Staffordshire》一書中。

個性:中國冠毛犬活潑且友善,喜歡和人在一起,很黏他們的主人。這種狗由於外表特殊,主人通常很溺愛他們,於是他們對其他人的態度,就容易變得暴躁。曾有人說過:「不管外表長得怎樣,骨子裡仍然是隻狗。」

運動:雖然不喜歡運動,但還是需要少量運動。天氣溫暖時出門,需預防曬傷;天氣寒冷時出門,要穿非羊毛材質的衣服。

梳理:需要護膚。

吉娃娃

體型:
公
15~23公分(6~9英寸)
1~3公斤(2~6英磅)

母
15~20公分(6~8英寸)
1~3公斤(2~6英磅)

因為是全世界最小的品種而聞名,其實「吉娃娃」這名字真正的意思是指:「整個墨西哥」!據說,他們是一種阿茲提克狗(現在,在墨西哥也有的小型狗種),卻被征服者帶走;又有一說認為,他們是一種中國迷你狗的後代。1880年代末期,來自美國的觀光者很喜歡他們,就帶了幾隻回家;1903年,被登記為品種。

個性:這種機伶活潑的狗,似乎不知道自己的體型很小。他們會為主人犧牲奉獻,會對主人表示情感,而且會有嫉妒之心。他們不會被體型較大的狗嚇到,但是飼主則要記得,他們是很嬌小的狗,別不小心傷害到他們嬌小的身體。他們如果很興奮或是感到冷,可能會發抖。

運動:吉娃娃不太需要運動,你可別去哪裡,都帶他一起去啊!

梳理:長毛品種或短毛品,都不需要太多梳理。

這裡列出的狗狗身高及體重,僅供參考。另外,狗狗的身高,是由肩胛骨測量起(請參考P8〜9)。

雖然不是每個人都喜歡巴戈的長相,但他們其實是滿受歡迎的歷史品種喔。他們在17世紀非常受歡迎,有關巴戈的起源地,據說從古代中國到俄羅斯都有。

個性：脾氣特別好,且容易相處。巴戈有一種迷人、且令人喜愛的個性,通常和小孩處得很好。他們喜歡陪伴,並且不喜歡被遺忘,不過有時可能會很倔強。

運動：需要適度運動,而且很喜歡玩遊戲。他們扁平的臉形,使他們在炎熱的天候容易罹患呼吸系統疾病。巴戈通常很強壯,注意不要讓他們吃太多。

梳理：需要適度梳理。

巴戈

體型：
25〜28公分(10〜11英寸)
8公斤(18英磅)

西施,被美國繁殖者協會歸為「玩具犬類」,被英國畜犬協會歸為「通用犬類」,在澳洲則被歸在「非運動犬類」。他們被認為是達賴喇嘛送給中國皇族的拉薩犬、與皇家北京犬,混種而來的後代。西施的臉較西藏犬扁,從前稱作「拉薩獅子狗」。1930年代,來到美國西部後,變得非常受歡迎。

個性：溫和、友善、警戒、且聰明。西施很喜歡和主人玩,對訓練的反應很好。如果幼年時好好加以訓練,他們可以和陌生人、及其他狗狗相處得很好。

運動：需要經常性的溫和運動,不喜歡在溼冷的天氣散步。短鼻口,可能會造成呼吸障礙。

梳理：費需要。長長的毛可能會沾到髒東西。雙層毛需要經常梳整。

西施

體型：
最高26.7公分(10.5英寸)
5〜8公斤(10〜18英磅)

當這種極小、極受歡迎的狗參加比賽時,他們梳整過的毛,總是因為太長而必須捲起來以免打結。家庭約克夏,通常都得配合家庭日常生活而修剪毛髮,不過還是會打結!約克夏梗,來自維多利亞約克夏郡,是小型的蘇格蘭梗、與當地梗犬的混種,他們是迷你、但不服輸的捕鼠者。

個性：約克夏很容易興奮、且神經質地亂叫。雖然他們的體型很小,還是會去追貓,而且不會被體型較大的狗嚇到。經過訓練後,他們可以和陌生人、及其他狗狗相處得比較好。

運動：需要少量運動,運動不足,會更愛叫。其實,讓約克夏每天跑來跑去,運動量就夠了。

梳理：長毛的下擺,容易沾到很多髒東西,需要每天梳理。

約克夏梗

體型：
最高23公分(9英寸)
最重3.1公斤(7英磅)

服從犬種

由不同評估專員制定的「服從訓練」比較行為排名中，杜賓犬、喜樂蒂牧羊犬、標準／迷你貴賓犬、德國牧羊犬的得分最高，得分最低的是鬆獅犬、阿富汗獵犬、獵狐梗、英國鬥牛犬、巴吉度、米格魯。

黃金獵犬：服從主人第一名

「對主人表現出強勢態度」這個項目中，鬆獅犬、阿富汗獵犬、獵狐梗得到最高分，這和他們在「服從訓練」項目得到最低分，互相呼應。其他對主人表現強勢的狗種還有：蘇格蘭梗、迷你雪納瑞、西伯利亞哈士奇。

相較之下，滿令人出乎意料的是，黃金獵犬在「對主人表現出強勢態度」這個項目的排名最低。同樣屬於非強勢品種的排名有：喜樂蒂牧羊犬、柯利牧羊犬，他們都是以聽從主人指示為目的，而繁殖育種出的品種；其他還有布列塔尼獵犬、尋血獵犬，也都不怎麼強勢。

德國牧羊犬：懂服從好訓練

迷你雪納瑞在「愛玩」這一點，和黃金獵犬不相上下，但是比較容易興奮。標準貴賓犬，在「訓練度」上排名第一，在「愛玩」這一點得分也很高，易興奮性則是適度。黃金獵犬的「服從性」排名高，活動力、攻擊性也低，其他像這樣的犬種還有：拉布拉多、維茲拉犬、布列塔尼獵犬、柯利牧羊犬、紐芬蘭犬、德國短毛指示犬。

其他在「服從性」和「訓練度」方面能力較強的狗狗有：德國牧羊犬、秋田犬、挪威納、杜賓犬，他們的活動力較低，但具有潛在的強烈攻擊傾向，這讓他們適合在警方或軍方工作。具同樣程度的「訓練度」，以及適度「攻擊力」的小型活潑犬種有：喜樂蒂牧羊犬、捲毛比熊犬、威爾斯柯基犬、西施、迷你／標準貴賓犬。

20世紀中期，約翰·史考特 (John Scott) 和約翰·福勒 (John Fuller)，曾有系統地比較巴辛吉、米格魯、美國可卡獵犬、剛毛獵狐梗。他們發現，狗狗成功回應的能力，也與訓練方式、工作種類、以及各品種的不同特性有關。他們也發現，每個品種的感情特質，也對工作與測試結果有很大影響。

各有個性

有關狗狗品種的研究調查，只是一種參考。每隻狗的教養、環境、與飼主的關係、過去的訓練、品種的基因遺傳，都會影響他這個個體的服從性、個性。

有些品種比較強勢？

我是鬆獅犬

當你準備飼養某些品種的狗狗時，必須參考一下品種「強勢排名」，而且絕大部分的狗狗會強勢，都是因為主人無法有效地控制他們。如果你很清楚知道，自己無法在狗狗面前扮演一個有愛心、但立場堅定的領導者角色，卻選擇飼養像是鬆獅犬這類被認為是比較強勢的品種，可就很不明智了。

選擇狗種，從認識自己開始

如果你了解你的狗狗，並加以適當的行為訓練，那麼任何一隻品種穩定的狗，都能被訓練至某一合理程度。雖然，訓練其實無法改變某些狗種確實比其他狗種，來得強勢的事實，但這是因為狗狗的某些行為，和品種的基因遺傳有關啊。

選擇要飼養的狗種時，還是要務實一點，並且記住，很多年輕的狗都是因為被認定有「行為問題」，而遭安樂死；這樣死去的狗狗數量，遠比生病或發生交通意外的還多。然而，這些問題之所以產生，大都是因為狗狗缺乏適當訓練，而且通常都是因為，飼主無法用堅定態度，面對這些表現強勢、具攻擊性的狗。一隻狗狗，比家庭中所有人都來得強勢，這是很不舒適、且可能不太安全的狀況。

你能堅定扮演領導者角色？

但是這種狀況可以避免。一開始，就根據有效情報，選擇適合你飼養的品種，會是個很好的開始。之後，再花

我的狗狗排名如何？

由知名行為學家班傑明(Benjamin)、林奈·哈特(Lynette Hart)，針對評估員及獸醫所做的大規模服從性調查；以及由丹尼爾·德托拉(Daniel Tortora)博士針對繁殖者進行的調查，綜合兩者，我們可得出一個相對的狗狗排名結果。

服從訓練低分組	強勢性高分組
鬆獅犬	鬆獅犬
阿富汗獵犬	阿富汗獵犬
獵狐梗	獵狐梗
英國鬥牛犬	蘇格蘭梗
巴吉度	迷你雪納瑞
米格魯	西伯利亞哈士奇

服從訓練高分組	強勢性低分組
杜賓犬	黃金獵犬
喜樂蒂牧羊犬	喜樂蒂牧羊犬
標準及迷你貴賓犬	柯利牧羊犬
德國牧羊犬	布列塔尼獵犬
	尋血獵犬

上一些時間訓練，並執行適當的訓練計畫，以確保你的狗狗，把你當作團體領導者。

對主人表現得很強勢，只是狗狗具潛在攻擊性的其中一種表現，其他行為還有：攻擊別的狗、別人，以及守禦領地。某些狗，例如德國牧羊犬、杜賓犬、挪威納，潛在攻擊性便特別高，但是在適當教養下，他們可以被訓練得非常好。相較之下，某些狗在即使在「攻擊性」的排名很低，包括英國鬥牛犬、巴吉度、英國古代牧羊犬，但是同樣地，他們在「訓練度」方面的得分也很低，很難受教呢。

我們是西伯利亞哈士奇

黃金守則：一切從基本做起

如果你的狗狗表現強勢，解決問題的關鍵，在於適當的訓練，尤其是基本訓練。

27 咬人的狗

動物收容所、庇護所、獸醫院,充滿了因咬人而被拋棄的狗,會發生這種問題,顯示出飼主對他們的狗,沒有好好進行習慣教育、適當訓練、行為教育。

根據美國的最新研究,在巴爾的摩,1年約有超過7000件的動物咬傷報告,其中6800件是被狗咬傷。在匹茲堡,1年約有1千件人被狗咬傷的案子,案例中39%被咬傷的部位是腿部,37%是手臂,16%在頭部、臉部、脖子。

狗會咬人,可能處安樂死

最近的另一個研究發現,狗咬傷人的案例中,有91%是在家中發生,而且被咬的人事後並沒去看醫生。這種狀況其實是好的,這表示大部分的咬傷並不是很嚴重;但另一方面這種情況也讓人憂心,這也顯示大部分的咬傷事件,並沒被記錄下來。因而,我們無法得知狗咬傷人的實際數據是如何。

如果,你發現你的狗有攻擊人、咬人的傾向,該如何處理?美國狗訓練師協會建議的第一個動作是:「摘下你那副樂觀的眼鏡」。這真的是個好建議。因為大部分飼主第一個反應是:「否認,並且假裝已經發生的事沒發生過」。如果你的狗還小,請試著開始訓練他,讓他適應與其他人、或動物相處(請參考方法65〜67)。

如果你的狗咬人,你得了解,被咬的人、或其他人可能會提出控訴,要你的狗處以安樂死。大部分的咬人事件,都發生在家人、朋友、或鄰居身上,而且導致狗狗攻擊的原因很多。在美國,估計每年有0.5〜5百萬件狗咬人事件,實際記錄下來的統計數字是每年一百萬件;而每年約有12〜15件狗咬人致死的事故。

狗會咬人,人類要正視

其實,狗會咬人,是因為人慢慢累積放任他們的行為而造成的。為了狗狗的安全,請你從禁止他們「做威嚇舉動」開始做起,這確實可降低死亡事故的發生。很多狗狗咬人的飼主,往往不知何時該尋求協助。小狗會咬東西是很自然的,包括想要咬手,但是當他們的牙齒變得比較大顆,你就必須開始阻止他們咬人,一個大聲的「哈!」或「喔!」就可以建立一個界線。如果你還有任何疑問,可以打電話給狗訓練師、或行為專家,請求評估協助。

威嚇或處罰一隻很強勢的狗,可能會導致他們咬人。如果你的狗是因強勢行為而攻擊,你就需要專業人員的協助了(請參考方法47)。

如果你在狗狗打架時試圖介入阻止,也很容易因為被狗遷怒而遭咬;或是,當一隻狗在保護他的家抵抗外來的某物時,也很容易因為轉移攻擊力,而咬到別人或別的狗。玩遊戲時,你若沒禁止狗狗對你進行攻擊性輕咬,他可能就會愈咬愈大力,而且主人和狗可能會因為誤解對方的意思、當時的情況,而造成狗咬傷主人的事件。大部分的誤解是因為:狗狗過於擔心害怕,而人忽略了要傳達清楚的服從訊號給狗狗,狗狗出於恐懼,就會使出保護自己的最後防線,咬人。

咬人的品種

一般來說,最容易咬人、最危險的品種是:比特犬、鬆獅犬、德國牧羊犬、杜賓犬、挪威納。

孩童安全

為了小孩與狗狗相處的安全問題，專門的評估員整理出一個狗狗排名表，提供家長參考。名單上說：最不會咬小孩的品種，是值得信賴的黃金獵犬、以及非常受歡迎的拉布拉多；紐芬蘭犬、尋血獵犬、巴吉度、柯利牧羊犬，也都不太會攻擊孩童。

我是
拳師狗

最容易咬孩童的品種是博美犬，緊跟在後的，是以愛咬人出名的約克夏。鬆獅犬也容易攻擊小孩，還有西高地白梗、迷你雪納瑞、蘇格蘭梗。

15歲以下是被咬高危險群

美國巴爾的摩所做的研究顯示，被咬傷的人有60%是15歲以下的孩童(即使15歲以下孩童，占總人口比例不到30%)，在其他城市的研究中，也有類似發現。最容易被狗攻擊的高危險群，是5～9歲的孩童，男孩被咬的機率是女孩的2倍。他們大部分都是在狗狗家附近被咬傷。研究結果也發現，66%的攻擊是由受害人誘使、或由玩耍的小孩導致，其他則明顯沒有誘引動作。正確地說，大概有1%被帶往急診室就醫的孩童，是因為被狗咬傷。

這些數字突顯出飼主需好好訓練狗狗的重要性，而且不僅要訓練他們，還要能控制他們，讓狗狗知道，主人才是團體的領導者，讓他們樂意聽從主人的指示。但是，當狗狗離開我們的視線範圍時，人類對他們的約束力就會變小，這些被「馴養的狼」，就會開始展示自己的威嚴。真正的問題在於，家中的大人，並未適當控制自家的狗，想當然爾，狗狗一定會覺得自己的地位比大人還高；所以，相對地，比大人地位還低的小孩，就更危險了。

小孩也要建立主導權

有兩個明顯的原因，可以解釋為什麼小孩(尤其是男孩)，最容易被狗咬。其中之一，是因為小孩(尤其是男孩)，和狗一起玩的時間，比大人多上許多；而且，如果是「玩球」這種競爭性的混戰，小孩常常得把東西從狗的嘴巴拉出來。第二個原因是，家中人口地位高低不明。從狗的眼光來看，小孩的個頭比較小，常常倒在地上，而且音調不沉穩，比大人來得高分貝，他們因而不認為小孩和大人擁有一樣的主導權。

如果孩子們對狗狗的行為有點擔心，就應該站起來，增進自己的主導權，減少被咬的危險。可以理解的是，4歲、或年紀更小的孩子，若是被狗咬傷，傷口大多是在臉部；隨著年紀和身高的增長，傷口在臉部的比例，就會大幅減少。

減少風險

· 不要讓年幼的小孩，單獨與一隻或一群狗相處。
· 教導小孩，如何和狗安全正確地相處。
· 對自己養的狗，要負起教育責任。
· 確定家裡的狗，都經過訓練，可以好好和人相處。

3

狗狗的特性

29 鼻子

氣味分子吸附在水珠上，被狗狗鼻子的受器接觸到，引發嗅覺，這就是潮濕的鼻子、長長的鼻孔，使狗狗嗅覺非常靈敏的原因，這也解釋了為什麼一隻健康的狗，鼻子應該是濕濕冷冷的。尋血獵犬等品種，擁有更寬、更長的鼻子，人類因而在許多方面廣泛運用他們的嗅覺，例如緝毒、尋找塊菌食材等等。

扁臉北京犬呼吸困難

從狗狗外表可見的黑色潮濕鼻墊，稱作「外鼻膜」。鼻孔，由鼻隔膜分成2區，每個腔室都有稱作「鼻甲骨」的軟骨，覆蓋著膜，做為散熱片。狗的鼻甲骨有複雜的皺摺增加表面積，吸入空氣時，空氣經過這些皺摺會變得溫暖潮濕。但嗅覺細胞並非遍布整個鼻腔，後壁面才有嗅覺細胞，接收經過暖化的空氣。

不同品種的狗狗，鼻腔差異很大。例如，北京犬、英國鬥牛犬這類扁臉(或短頭)的狗狗，格雷伊獵犬、蘇俄牧羊犬則是長鼻(或長頭)品種。不幸的是，短頭狗鼻腔的形變，使他們在呼吸時沒辦法擴張鼻腔，吸氣可能會變得很困難，迫使他們必須用嘴巴呼吸(請參考方法91，遺傳問題篇)。

狗狗能聞出誰罹患癌症

狗狗的敏銳嗅覺能力，讓他們在氣味分子濃度極低時，也能辨別這些氣味。人最低只能聞到4.5～5莫耳濃度的味道，狗則能聞到1.0～1.7莫耳濃度的氣味。已有資料證實，狗對不同物質的嗅覺敏感度也不同。

2006年春天，加州有一篇研究報告特別強調，即使一個環境裡有多種不同氣味，狗狗仍能從中偵測、分辨某一種特殊氣味。報告指出，經過訓練的狗狗，可以經由嗅聞受試者呼出來的氣體，辨別受試者是否患有肺癌；但是以相同的方法，就無法辨別出乳癌患者。狗狗這種令人驚奇的辨別能力，是因為鼻膜上有不同的受器細胞，可偵測不同的氣味，所以每種特別的氣味，都有一組特殊的嗅覺受器來包辦。此外，警犬藉由現場留下的氣味，從嫌疑犯行列中找出罪犯的成功率達75%，而在田野追蹤時找到罪犯的成功率則高達93%～100%。

客人來訪逃不過狗鼻子

狗狗也能辨別性別氣味，所以他們在見到、歡迎其他狗時，會先聞一聞。他們也能輕易辨識其他生物的性別與狀態：有紀錄顯示，他們不僅能辨別母牛，還能知道母牛是否在發情，這成功率達80%。而且，大家都知道，狗狗會直接用力地聞一聞家中來訪客人！

狗狗辨識性別氣味，用的是另一種不同的嗅覺器官「黎鼻器」。這個器官位在口腔上側鼻隔膜，向前延伸的軟骨處。如果你看到你的狗狗嘴巴微開，然後臉上有一種專注的表情，那代表他正在使用這個器官。

我是混種狗

有用的鼻子

人類鼻腔的嗅覺膜約有3立方公分(約0.2立方英寸)大，而狗鼻子的嗅覺膜約有130立方公分(8立方英寸)大，依品種而不同。某些品種擁有更多嗅覺細胞。舉例來說，德國牧羊犬的嗅覺細胞數，是梗犬的2倍，人類的45倍。

很多主人以為他們的狗，是純日行性動物。雖然他們不像貓一樣習慣夜行活動，但狗狗的視力，不管在晚上和白天可是都一樣好呢！

我是丹蒂丁蒙梗

什麼是雙眼視覺？

身為狩獵動物，狼和他們的後代狗狗，都擁有位在臉部前方的眼睛，形成一個雙眼視覺重疊區，依品種不同，約是兩眼之間60°～16°的範圍。眼睛之間的視覺重疊區，讓狗狗擁有雙眼3D視覺，在觀察獵物的時候，能正確判斷距離。狗狗天生視力很好，在臉部前方同一水平上的雙眼，則能讓他們能正確判斷視深。

題外話，其實，人類、猿、猴和狗狗一樣，雙眼都在臉部前方、且位在同一水平上，如此一來，兩眼的視線焦點，就能集中在同一物體上，這叫做「雙眼視覺」。雙眼視覺看到的東西，較單眼視覺有立體感，且能較精準判斷距離。若像馬匹這類兩眼位於不同側的動物，視野雖然較廣，但卻無法獲得立體感的視覺，也無法精準測距。

易有眼疾的品種

英國可卡犬、西伯利亞哈士奇、北京犬、迷你長毛臘腸犬、喜樂蒂牧羊犬、邊境牧羊犬、拉布拉多、剛毛／軟毛柯利犬、黃金獵犬、英國史賓格獵犬、伯瑞犬、獵麋犬、愛爾蘭賽特犬、迷你／玩具／標準貴賓犬、阿富汗獵犬、鬆獅犬、沙皮犬、傑克拉塞爾梗犬、德國牧羊犬、西高地白梗、騎士查理王獵犬、迷你雪納瑞、史丹福郡鬥牛梗、波士頓梗、美國可卡等等。

某些特殊品種的狗狗，容易患有遺傳性眼睛疾病，想飼養這些品種的人，需特別注意。不要只因小狗很可愛，就瘋狂愛上他們，請先確認繁殖者是否能拿出證書，保證狗狗沒有任何遺傳性眼睛疾病。此外，扁臉的品種，一出生淚管就很容易變形，眼淚會沿著臉流下，而不是正常地導入鼻子裡。

放大瞳孔觀察周遭危險

眼瞼，不只是遮光片而已，也可以保護眼睛避免受傷，平均分散眼淚，讓淚液形成薄膜，沖洗異物。第三層眼瞼，也稱「瞬膜」，做為保護性活動薄膜，在眼球有危險時，會從眼瞼下橫向滑出，覆蓋眼球；平常，它是眼睛內角的突出物。上眼瞼下的淚腺會分泌眼淚，第三眼瞼基部也有一個較小的淚腺。

虹膜，就像照相機裡的光圈一樣，控制進入眼睛的光量，是一種圍繞在眼睛中央瞳孔旁的色環。影響瞳孔大小的不只是光量，還有狗狗的心情：當狗害怕時，瞳孔會放大，以便更清楚觀察周遭情況，正確預測攻擊從何處來。如果狗狗準備要攻擊，瞳孔會縮小，增加視深，看得更清楚。

光線進入眼球時，會透過晶體，在視網膜上聚焦。狗狗視網膜上感光的視桿，比感色的視椎多，犧牲一些對顏色的敏感度，可使他們在微弱光線下，也能看得很清楚。

耳朵

狗狗可以聽到的頻率範圍,比人類寬得多。他們對高頻音的聽力,早已受到牧羊人善用。不過,很多飼主(尤其是牧羊人),可能不太相信,其實貓對高頻音的聽力,比狗更好。狗的準確聽力範圍在200～15000赫茲,但如果聲音夠大聲,他們也可聽見低至20赫茲的聲音。

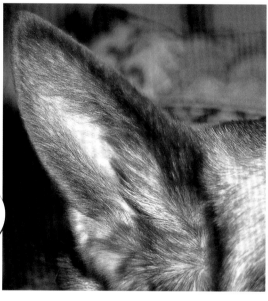

我是德國牧羊犬

豎耳狗聽力超棒

對狗的祖先狼來說,好的聽力是無價的,為了加強聽力而培育出的犬種,都保有直立耳朵特徵,例如哈士奇、巴辛吉、德國牧羊犬、柯利犬、柯基犬。儘管如此,現在大部分的品種都是垂耳,包括馬士提夫犬、英國古代牧羊犬、傑克拉塞爾梗犬、萬能梗、可卡、巴吉度、尋血獵犬;這些狗狗分析聲音的能力雖然降低了,但大都還是能利用17條肌肉,轉動耳朵。豎耳狗,可以經由肌肉移動耳廓約4°的範圍,集中注意力在聲音的來源。豎耳對聲音的反應,稱作「耳廓反射」;但是他們對頻率8000赫茲以下的聲音,反應不如對頻率8000赫茲以上的聲音來得大。

擁有好聽力的狗狗品種能直立起耳朵,但垂耳狗卻因耳朵總是垂垂的,而可能被誤解為發出服從訊號。垂耳,不僅會使狗狗產生溝通問題,也容易累積耳垢,罹患耳炎,發炎和不適,會讓他們常常抓頭。

垂耳狗易有聽力問題

狗的耳朵由3個部分組成。外面可見的部分稱為耳廓,是「外耳」。耳廓中的耳管,有腺體可製造耳垢。擁有祖先狼般耳朵直立特徵的狗品種,耳垢沿耳管向上、向外移動時,就會逐漸乾燥,一甩頭,耳垢就會掉落;但是垂耳狗就沒辦法甩甩頭輕鬆清除耳垢,所以需注意因耳垢塞住,而引起的聽力問題。

在「中耳」,聽管末端被一層膜覆蓋,這層膜稱作鼓膜。當外耳把空氣震動傳到鼓膜,震動便會經過2個小骨傳到內鼓,然後這個聲波就會被傳到「內耳」。在這裡,聲波會通過一個充滿液體的螺旋狀耳蝸,耳蝸內的震動受器,則會經過神經,將訊號傳到腦。內耳中,還有一個充滿液體的半規管,負責感覺方向,傳達平衡感;對一隻常常衝來衝去的動物而言,準確的平衡感是很重要的。

我是巴吉度

在犬科動物中，狗比貓像食腐者，飲食範圍更廣，而且狗狗可是標準的「甜食愛好者」喔！

我是
德國牧羊犬

酸甜鹹辣食物都吃

狗的舌頭有許多乳突、突塊，某些是特化的神經尾端，稱作「味蕾」。4對舌腺分泌唾液至舌頭及嘴，潤滑食物，以及開始消化食物，也能還原乾食的味道。狗的舌頭有纖維受器，用來感覺甜、辣、酸、鹹味；狗是雜食性食肉動物，而貓是純食肉動物，對甜食沒有興趣。

胡狼以偷吃水果聞名

狩獵動物只吃沒有甜味的獵物，自然環境裡，甜味只存於成熟的果實、蜂巢的蜂蜜、某些花的蜜腺中。狼會吃莓果，但不是主食；胡狼通常吃腐食動物，而且會吃季節性水果，還因經常偷吃水果作物而出名；郊狼和狐狸喜歡腐食，而且會吃大量的季節水果，事實上，秋天時節的水果是他們的主食。

味覺關卡

不吃人工甜味劑

消化系統的第一個關卡是「嘴巴」，而「味道」就是這個關卡的鑰匙。味道決定了食物的去留，喜歡的食物可以進到嘴裡，其他食物就被擋在門外。

食物毒素可能會比較辣刺，狗狗對這種味道很敏感。他們感覺甜味的味蕾，位在舌頭後端，對天然糖會有正反應；而人工甜味劑，例如糖精，會有一個比較刺的味道，讓狗狗避免吃它們。狗的味蕾，喜歡胺基酸、核酸，這些都是肉的組成物質。

對鹹味不太敏感

鹽巴，對飲食是很重要的。像是羊的味覺受器，就有一半是鹽受器。相較之下，狗對鹹味的敏感度沒那麼強，因為肉食性動物的食物，原本就含天然鹽，能滿足健康所需。當狗狗年紀愈來愈大時，他們的味蕾會變得比較不敏感。

討厭的味道一輩子記得

狗的味蕾比較偏好肉、較不喜歡蔬菜。他們之所以能區別肉的種類，和肉的氣味、口味有關；比起雞肉，狗狗更喜歡牛肉。雖然他們喜歡肥一點的食物，但可不喜歡腐敗的油脂。狗狗對於討厭的味道，可經由條件反射習得；如果有種特殊的食物使他生病，狗狗之後就會避免吃這種食物。

加熱食物可增進狗狗食慾

如果你的狗因身體不舒服而失去食慾，幫他稍稍加熱食物，讓狗狗聞到食物香味，增加他的食慾。

33 飲食

雖然狗是肉食性動物,但他們喜歡吃的食物種類,和人類喜歡的差不多,只不過他們喜歡蛋白質含量更高一些的食物。基本上,均衡飲食的組成是:蛋白質、碳水化合物和油脂的平衡,加上維他命(A、B群、D、E)、礦物質、纖維素、水。

我是拳師犬

水分

北京犬、蝴蝶犬這類小型狗,1天大約需消耗200毫升的水(從各種來源):愛爾蘭賽特犬、黃金獵犬等中型犬,約需1200毫升:聖伯納等大型犬,則需要2公升以上的水量。天氣熱的時候,所有狗狗都需要喝較多的水。

食物與行為

不能參與家人用餐

如果你或你的家人在用餐時,夾桌上的菜給狗狗吃,那你的狗狗就會變成一個大麻煩,因為他會軟硬兼施,不停地要求食物。這也是飼主開始無法控制狗狗的主要原因,因為這樣會讓狗狗覺得自己的地位提升了。

固定時間吃飯、解便

常常給狗狗食物吃,會讓他們的忍耐力變差。如果你的狗狗有行為問題,這種餵食方式,可能就是主因。請在固定時間餵狗,食物只能擱著20分鐘左右。讓他知道,只有在那個時間才可以吃東西。此時,他的消化系統就會慢慢形成一個生理時鐘;接著,他會在固定時間想上廁所。試著調整餵食時間,讓狗狗的排便時間,剛好是你可以帶他出去散步的時間。

肉罐頭+小餅乾

在自家準備適合狗狗吃的食物,是很容易的。不過,營養均衡的市售狗食,不僅方便多了,而且含適量維他命、礦物質、和其他養分。狗食若標榜「營養成分完整」者,就不需另加小餅乾改變營養組成,但是肉罐頭就需要了。

試著調整狗狗每天的食物量,讓你養的狗狗體重能符合品種標準。使用市售狗食時,一定要事先詳讀說明,並按照建議量使用。記得,乾燥、及半乾燥全營養狗食的含水量,與罐裝的全營養狗食不同。此外,半乾燥狗食與乾燥狗食相比,水分含量不如你想像得多:與罐裝狗食相比,乾燥與半乾燥狗食的體積較小,所以狗狗吃乾燥或半乾燥狗食時,水會喝得比較多。

狗食注意乾糧及罐裝比例

如果你要餵狗狗吃乾燥或半乾燥的狗食,只需要餵食罐裝狗食標準建議重量的40%即可,如果你餵狗狗吃的乾狗糧分量,和罐裝狗糧建議重量一樣,那你的狗

狗體重就會快速增加。狗狗無法完全消化植物性蛋白質,所以,飲食中若含有太多植物性蛋白,可能會引起狗狗的消化問題。

狗的群體動物祖先,顯示自己地位的另一個方式,就是藉由飲食。狗狗的祖先狼進食必須很快,以免團體中其他狼吃掉他的份。歷史與基因淵源如此,所以可別因為狗狗很快吃光碗裡的食物,就覺得他還很餓、要多吃一點,就給狗狗過多的食物,這樣很可能會導致狗狗肥胖(詳細敘述,請參考方法97)。

狗的消化系統,分解狗狗攝取的食物,把複雜的蛋白質、碳水化合物和油脂,分解成身體可吸收的小分子。

狗狗也要刷牙

消化從牙齒開始。狗狗嘴巴的側面,有尖利的犬齒,以及可咀嚼、磨碎食物的前臼齒及臼齒。前排的門齒,可準確而小幅度地從骨頭邊邊,把肉切斷。軟性食物可能會使狗狗的牙齒缺少適當嚼磨,而產生牙垢;餵食硬質的小餅乾、以及嚼皮骨,就可有效減少牙垢堆積。

慢慢讓你的狗接受牙刷,是很好的。狗狗掉牙的主要原因是,齒菌斑及細菌造成的牙周病,病癥有:口臭、流口水。

消化食物的過程

消化系統會在各階段分泌酵素,促進食物分解。首先是口腔內的唾腺,其中的澱粉酶會初步分解碳水化合物。來到胃部,胃所分泌的胃液會接續分解食物。食糜到達小腸時,會有更多酵素加入分解蛋白質、醣類、油脂。膽囊中的膽汁則會乳化油脂,讓脂肪酸可被腸壁吸收。

食物從嘴巴到胃部、再沿消化管進入小腸,皆是由肌肉收縮蠕動推進。蛋白質被分解為胺基酸,碳水化合物轉為單醣。這些小分子和水,一起在小腸被身體吸收。大腸則主要吸收水分。

維持健康體重

小狗通常會和兄弟姐妹競爭食物,所以個別餵食一隻小狗時,他可以吃到的食物分量,是平常的1.5倍。但是,如同方法33所述,狗狗很容易吃下比他們實際所需還多的分量,而這純粹是因為食物就在他們面前,後果是,這可能導致他們體重過重。

其實你可以控制狗狗的回饋反應:狗狗若感覺溫暖,會吃得比較少,所以在溫暖的房間餵你的狗狗,可以控制他的食量。並嚴格限制,不要讓他在自己的正餐外,吃人們放在餐桌上的食物、或剩菜殘羹,這對維持狗狗的標準體重,以及消化系統健康很有助益。

消化問題

腹瀉:換吃別的食物

腹瀉,是狗狗常見的問題。吃到腐壞的食物常常是主因,但是腹瀉也只會持續幾天而已。引致腹瀉的原因很多,吃到有毒物質、潛伏性犬科過濾病毒等也有可能。過濾病毒,會引起夾雜血液的水便,需由獸醫師進行治療。使狗狗體重漸漸變輕的慢性腹瀉,可能是因胰臟機能不足而引起,但其實有時候,狗狗腹瀉是因為吃到某種不適合的食物,換點別的食物,就會好多了。

急性胃炎:嘔吐是個好機制

急性胃炎,是狗狗常見的疾病,因為他們容易被腐敗的食物味道吸引,還可能是因為吃了糞便、骨頭;所以,嘔吐是一種安全機制,不僅可讓你的狗感覺比較舒服,甚至可能救他一命。幼犬嘔吐,則常是因為他們沒有經驗,吃得太快、太大口(因為得跟兄弟姐妹競爭食物),所以身體會反射性地把食物吐出來。但是,年紀較大的狗,就不能假設他們是吐出吃壞的東西,當他們嘔吐時,最好帶去看醫生。

甜食:別讓狗狗吃蛋糕

狗很喜歡甜食,他們很容易吃過量的甜食,所以,不要讓你的狗吃蛋糕。這時候,就是人的問題而不是狗的問題了。

我是聰明的騎士查理王獵犬

35 活動力

每種狗所需的運動量，差異非常大。獵犬、槍獵犬壽喜歡盡情地吃，這樣他們才有足夠精力長跑；換言之，他們的活動量一減少，體重就很容易上升。梗犬精力很充沛，不喜歡狼吞虎嚥吃東西，所以通常比較長壽。通用犬的習性則各有不同，所以沒有什麼共通模式。工作犬努力工作，想要做事、而且負責任。玩具犬體型小、吃得也少，但卻很精力充沛。

巴吉度活動力最弱

戴維斯大學 (Davis University) 的獸醫行為學家班傑明·哈特(Benjamin Hart)，替56個美國繁殖者協會登記最多的品種，做了相對活動力的排名總表。評分項目分成10項，每項以10分為滿分，分數愈高，活動力愈強。得分最高及最低的分別是：

我們是吉娃娃

◎最低(活動力弱)：巴吉度、尋血獵犬、鬥牛犬、紐芬蘭犬、柯利牧羊犬、聖伯納

◎最高(活動力強)：西高地白梗、愛爾蘭梗、獵狐梗、迷你雪納瑞、吉娃娃、絲毛梗

短腿的巴吉度，是受歡迎的狗狗品種中，活動力最弱的，他們的臉長得和第二低分的犬種「尋血獵犬」很像，這兩個品種其實有血緣關係。維多利亞時代，某個畫家的兒子——艾福列特·米拉斯爵士 (Sir Everett Millais)將法國巴吉度與尋血獵犬，經由人工受孕順利產下後代，這是第一個替狗人工授精成功的案例。

迷你雪納瑞超亢奮

在另一個研究中，林奈(Lynette)和班傑明·哈特，把低活動力的巴吉度、與高活動力的迷你雪納瑞相比，同樣地，最高分是10分，最低分是1分。從下表可看出這兩個品種的新陳代謝及行為，差異有多大。

我是巴吉度

性　質	巴吉度	迷你雪納瑞
活動力	1	10
易興奮	1	10
咬小孩	1	10
過度吠叫	4	10
領域性	1	10
對主人過於強勢	3	10
攻擊狗	4	10
愛玩	1	10
破壞性	2	8

「拜託，他笨得跟什麼一樣，瘋狂地跑來跑去，然後撲通一聲突然倒下，像蒸氣火車那樣呼呼喘氣。」這是一個又好氣又好笑的主人對愛狗日常生活的敘述，但這番話卻說明了狗狗如何控制體溫。

哺乳動物，維持恆溫機制不同

哺乳動物屬於恆溫動物，他們能保持並控制體溫，以維持新陳代謝的最佳狀態；「身體冰涼的」爬蟲類則不同，爬蟲類的活動力，由周遭環境溫度控制。不同種類的哺乳動物，有不同機制來控制體溫恆定。我們人類是幾乎無毛動物，只有少量的毛髮維持體溫，幸好皮膚中有很多汗腺，可藉蒸發汗水，協助我們冷卻身體。在古代，人類大多在氣候溫暖的地區活動，所以排熱非常重要，但是我們較不善於維持體溫。

相較之下，狗和貓都是毛茸茸的，但是貓喜歡短跑，因為長跑會讓體溫升高。狗則是長跑健將，對於體熱不太在乎。狗狗有很棒的血液循環系統，供應肌肉所需的氧氣，避免累積乳酸，發生抽筋和痙攣。也就是說，狗狗身體裡有很多血管，裡頭的血液富含紅血球，會攜來氧氣，移除二氧化碳、乳酸鹽。

大力喘氣＋足夠水分＝舒服散熱

狗狗不會把汗流在毛皮上，否則體熱散失太快也會造成問題；他們身上唯一會流汗的地方，就是腳墊。他們以大力喘氣，做為散熱的替代方法。其實，狗狗皮膚上的微血管和人類的微血管一樣，也會膨脹，散發熱量。因此，毛皮較厚的狗，會比較難散熱。

基於上述所有理由，大型、豐滿、且厚毛的狗，很容易因為強力的運動、或是被關在日曬過度的車內(這些情況會很熱)，而感到不舒服。狗狗容易因過熱、或中暑而生病，肥胖的狗更容易因天熱感到不適，這也是另一個不宜讓狗狗變肥胖的原因。

不過，狗狗快速喘氣散熱，也有不良副作用，因為，這個動作也會生熱！幸好他們懂得像蒸氣火車那樣規律喘氣，這與肺部呼出氣的頻率相同，所以不會太耗能量，因為不致讓自己太熱。其實，只要狗狗能補充足夠水分，即使是在很熱的環境裡，鼻子一吸一吐之間，就有蒸發散熱的作用了。

熱狗！

狗的體溫生來比人高：人類的最適體溫是37°C(98.6°F)，狗的最適體溫是38.6°C(101.5°F)。一般來說，體型較大、較胖的狗，和較小、較瘦的狗相比，體溫比較高。這是因為體型較小的狗，和大隻的狗相比，平均每一單位的體重與相對表面積的比值較高，所以散熱較易。

狗狗與貓咪

做為肉食性動物,狗與貓有一些共通點,他們對鹹味都不敏感,都沒辦法集中視力在某個很靠近的物體上。然而,貓是獨自狩獵的專家,而狗是群體狩獵的達人,但為何一直是如此?因為他們就像大機器裡的一顆螺絲釘,各司其職,所以沒有什麼天擇的動力,促進他們特化發展,改變生存習性(沒有天擇,卻有人擇,而發展出特化的品種)。

野狗和野貓。泰國

活動腓骨讓貓能爬樹

狗繼承了狼的耐力,所以能追逐獵物。狗狗和可以全速疾跑的貓,他們都沒有鎖骨(鎖骨,讓其他動物可用來活動肩膀關節),所以在追逐獵物時,可以把步伐邁得很大。大部分的肉食性動物都有活動腓骨,特別是貓,但是狗卻沒有。

這就要說到,善於奔跑的犬科動物如狗狗,他們的腳踝動作,是像樞紐一樣維持在同一個平面上,而不能像貓一樣,可彈性地左右橫向移動。也就是說,腓骨的末端與脛骨的堅固結合,雖提供了穩定支撐力,可讓狗狗向前持久奔跑,卻因此犧牲了可左右移動的彈性。如此一來,狗雖然能快速地追上貓,但貓如果爬到樹上,狗可就一點也沒轍了,誰教他們不像貓咪,擁有活動腓骨,可輕鬆地左右移動腳部來爬樹。

大部分犬科動物身上會有小鎖骨,但狗完全沒有,因為狗不需要旋轉前肢,所以不需要小鎖骨。善於攀爬的貓,有扇形肩片與寬肌肉相接;而善於長跑的狗則比較需要窄長的肩胛,以跨出較大步伐。

分辨狗貓的腳印

與貓爪非常特化的伸縮機制相比,狗爪因為缺乏伸縮性,很容易讓人誤以為狗爪沒有任何特點。其實,這麼想可是與事實差遠了:狗的腳和腿,就像他們的祖先狼、胡狼等等,經過了長度特化,更適合進行群體獵捕。

狗的腳趾,特別適合長距離奔跑(是趾行動物)。他們的腿部肌肉有大量血管(比貓多很多),可供應持續奔跑時,所需的氧氣、養分,並移除二氧化碳、乳酸鹽。狗的血液中有很多紅血球,這使他們擁有大量血紅素,可充分提供長跑時所需的氧氣;犬類生物學家雷蒙(Raymond)及羅納‧克平格(Lorna Coopinger)發現,此現象在雪橇犬、格雷伊獵犬這類特化的跑步品種身上,尤其明顯。

要分辨狗與貓的腳印,看看有沒有腳爪便知。沒有腳爪印的,就是貓的腳印。狗的腳爪位置固定,可在持續奔跑時,增加抓地力;也因此,在這種常常磨損的情況下,狗爪是粗鈍、不銳利的。相較之下,貓藏在腳掌裡的爪子就相當銳利,可以用來爬樹、抓住獵物。

狗狗為何能反嘔食物

狗狗擁有比較長型、使用方式較多元的口鼻部,牙齒種類也比貓多,這是因為狗狗是雜食性動物,他們的食物包括肉、其他植物。舉一反三,狗狗之所以有甜味味蕾,是因為他們會吃植物。不像貓,狗會反嘔食物給小狗吃;他們的胃、食道覆蓋了一層肌肉,所以可做反嘔動作。狗的盲腸比貓、或其他肉食性動物來得大,這也是他們能成為雜食性食肉動物的原因。狗狗的大腸,也有細菌發酵作用,他們可藉這個作用,吸收細菌釋放出脂肪酸。

狗狗的下巴有枝狀髭鬚,而貓經過特化、扁平的臉則無。狗狗跟隨氣味,快速追蹤獵物時,會利用這些髭鬚與地面保持距離。

狩獵、追捕、畜牧

38

一群狼從山坡衝下來,追逐鹿、或北美馴鹿這種獵物,會用一種類似岸邊水鳥飛行的方式,變換方向、加速。和同伴一起移動、和其他同伴以群體行動的方式一起奔跑,是群體狩獵的必要條件。群體動作是「種間模仿行為」,這是狗狗與生俱來的本能。

邊境牧羊犬與羊

追逐和狩獵慾望,與生俱來

一群狼,絕對有能耐追捕大型動物。由大約15隻狼組成的典型狼群,會挑選比較弱的動物,進行追捕;如果一個較大的獵物強力反抗狼群,通常就會換下一個獵物。在選擇獵物的過程中,狼群會把一群草食動物逼得轉來轉去,以這種限制的方法,控制移動中畜群的動作,牧羊犬至今仍是如此從事他們的工作。

有時候,我們認為牧羊犬的攻擊性很低,但其實他們需要強烈的攻擊力,驅使他們去追羊,同時也需要足夠訓練聽從牧羊人的指示。體型較大的畜牧犬,除了牧羊也牧牛,通常也做為保衛犬,必要時得反擊才行。

追逐和狩獵的慾望,存在於狗狗天生的行為模式之中,這是狗主人必須了解的。飼主帶狗散步時,常常喜歡經過牧場小徑,而且因為離馬路比較遠,主人通常都會把牽繩放開。在耕地附近這麼做,通常沒什麼問題,但在有家畜的地方,主人就必須以牽繩拉著狗狗,加以控制,免得他們跑去追牛羊(請參考方法52)。

類似的狀況是,有些品種的狗狗也會追汽車和腳踏車,對他們自己、對他人都會造成危險,他們也喜歡緊追逃跑的貓。通常,把一隻貓逼到絕境,自己換來滿臉爪痕時,狗狗才肯罷手;但是,在都市化的社會中,這種「追逐賽」情結可要好好加以訓練、控制才行。

追捕獵物,需要耐力長跑

狼與某些獵物比起來,跑的速度並不特別快,但是他們擁有堅持下去的耐力,狗則遺傳到這一點,而且這可從他們善於長途走路、奔跑看得出來。狼面對獵物強烈抵抗,通常會放棄,但特別育種出的梗犬,則不會因任何抵抗而放棄獵物。

在野外,當一個獵物脫離他的群體,如果獵物的體型較大,狼會先攻擊他的後腿,然後是臀部、側面;最後,其中一隻狼會咬住獵物的鼻子。大多數品種的狗,在相同情況下會採取類似模式,但經過特別育種的鬥牛犬,會咬住牛的鼻子,並利用自己有利的下顎咬住不放;不過,現今鬥牛犬追捕獵物的功能已經大大減弱了。

39 求偶

家犬求偶與交配，和他們的祖先狼一樣。性行為，只有在母狗發情、能接受公狗求愛時才會發生。同時，和大多數的哺乳動物一樣，母狗的腦垂體會分泌荷爾蒙，使卵子成熟，自卵巢排出。

一般來說，母狗發情約持續18天，前半段稱「前發情期」，在這段時間母狗開始引起公狗的興趣，但是她還不能接受性行為，母狗雖然極力賣弄風騷，但絕不會讓公狗有進一步動作。真正進入「發情期」後，母狗就能接受求愛，而且會持續好幾天，這段期間可能會交配好幾次，授精期約有5天。求偶時，公狗會嗅聞母狗的頭部、陰戶，母狗也會回應。有時，公狗和母狗都會將前腳放在地上伸直，並抬起臀部。他們可能會變得很愛玩，用前腳抱住對方的脖子。這種行為模式，在狗和狼身上都可看到，但有一些差異。

馴養母狗1年發情兩次

馴養，讓母狗在快滿1歲時，便性發育成熟；而狼則需要多花1～2年時間。大部分的母狗，1年可能發情2次；而「原始的」巴辛吉犬、狼、非洲野犬，1年只發情1次。野生的群體犬科動物(狼、非洲野犬)，通常只有居於領導地位的那對狼／犬夫婦可交配，群體中的其他狼／犬，則是幫忙哺育幼狼／犬的「幫手」(反嘔食物予以餵食)。

當母狗(不管是馴養或野生的)準備好要交配時，她通常會把臀部放在公狗面前、尾巴側向一邊。公狗會爬上她，用前腳抓住她的身體側邊，擺好位置，然後置入陰莖，進行有節奏的猛推。

母狗的發情循環，是由荷爾蒙所控制，荷爾蒙則由卵巢內的卵子產生。每個成熟的卵子，都被產生雌激素的支撐細胞圍繞著，雌激素會使子宮壁增厚、而且會使陰戶腫脹。在前發情期，母狗會排出一種帶血的體液(這不是月經)。卵子成熟時，會持續2～3天從卵巢釋出，留在卵巢的支持細胞，則在此時產生黃體激素；接著，母狗會停止排出體液，並積極想引起公狗注意。

我們是非洲野犬

一對狗狗交配時，完成後或過程中被打斷，他們的身體會無法分開。犬科動物一旦真正開始交配時，公狗身上有個特別機制，其陰莖的「莖頭球」會膨脹，讓他們和母狗暫時無法分離。為什麼會有這種現象一直是個謎，因為這似乎會讓他們在此緊急時刻下很容易遭受攻擊呢！

交媾結：關鍵的1小時

當公狗的陰莖底端進入母狗的陰道後，因受到摩擦等刺激，陰莖的莖頭球會膨脹鼓起，產生像鎖一般的「交媾結」，使公狗的陰莖卡在母狗的陰道裡，暫時讓兩者的身體無法分開。有一種說法是，這個交媾結可以促進交配發生，但這麼想實在是本末倒置了。各種不同動物的配對，都可能被其他環境因素影響，所以這種複雜的「交媾結」機制，應該是為了更重要的原因而存在才是。

許多哺乳動物，都有陰莖這樣的生理結構，但是相比之下，最讓人有啟發的是「貓」。偏向獨立生存的貓，極具領域性，需要一個機制，才能讓兩隻貓有段時間聚在一起。而且公貓的陰莖具有觸鬚，只有在交配發生時，觸鬚才能刺激母貓排卵。狗要克服的，則是完全相反的問題，而且是利用交媾結來解決。身為群體動物，家犬的祖先狼，通常只能有一隻配對對象，一旦配對了，這個交媾就可鎖住雙方1個小時之久，在這1小時裡，其他公狼就無法與這隻母狼交配。

公狗總共射精3次

當公狗第一次爬上母狗身體，並做出交配的典型猛推動作，他所射出的精液，幾乎是沒有精子的。人類可能會覺得這種陰莖未勃起的交配初期很奇怪，但與人類不同的是，狗的陰莖具有骨頭(骨陰莖)，本來就可插入。隨著公狗動作愈來愈激烈，陰莖會開始腫脹，莖頭球就把公狗和母狗鎖在一起，此時公狗才會射精。

公狗通常都會嘗試從母狗身上爬下來，但因為這個鎖，而使公狗和母狗維持一個臀部對臀部的姿勢。這個動作似乎形成一種旋轉限制，減慢血流的速度。這一對狗狗，可能要維持被「交媾結」鎖住的姿勢，半個小時之久。期間，公狗會進一步射出幾乎不含精子的體液，用來將先前射出的精子沖向母狗的子宮。由於公狗排出的精子量很少，因此這一次射出的體液，是為了確保

授精完成，而且只能在狗被鎖住的時候發生。

從懷孕到生產只花兩個月

通常，母狗懷孕的機率很高，從交配到生出小狗，大約63天左右。卵子受精後，最初幾天，它們並不依附在子宮上，受精卵反而會利用儲存在卵黃囊中的營養。當受精卵與子宮壁連接時，便會排成一列列。一旦胎盤形成，受精卵就開始從母體吸收營養。發育中的犬胎，大約在第5週，就可從母狗的腹部觀察出來；不過，獸醫可在狗狗交配後3.5週，就診斷出犬胎的存在。母狗大約在此時，乳腺會開始增大。

母狗懷孕期間，需慢慢增加她的食量。可詢問獸醫的意見，在食物中添加鈣或其他營養補充。同時，你的狗狗應該持續做一些運動，而你也應該準備一個生產盒，或是特別準備一個地方，讓狗狗可在生產時使用。

不要打擾他們

千萬不要試著分開被「交媾結」鎖住的狗狗，這樣可能會同時傷到公狗與母狗的生殖器官。如果你發現你的純種母狗，發生了非預期的交配，請與獸醫商量，以避免後續發展。

4

訓練成長中的狗狗

我們是米格魯幼犬

專欄

小狗成長記

幼犬出生時,神經系統尚未發育完整,所以他們非常需要媽媽照顧。由於拉布拉多及黃金獵犬都是很受歡迎的犬種,所以我這裡用黃金獵犬的幼犬來舉例。雖然,每個狗種發育的時機會因品種不同而不太一樣,但模式都相似。

剛出生1~2天的金獵犬

出生 1 週

新生兒時期

眼睛耳朵都閉著
小狗狗有寬的、「一團」的臉,眼睛和耳朵都是閉合的。臉、鼻子、腳,在剛出生這幾天,都呈嬰兒粉紅。

頭貼在地上躺著
小狗會把頭平貼在地上躺著,或是躺在他們的小小同伴上。他們沒有什麼能力,能真的把頭抬起來。

往母親身邊靠著
新生幼犬有一種「天生的反射」,他們會把頭往溫暖的地方推,尋找乳頭。這個反射讓他們能靠在母親身邊,或是和兄弟姐妹堆成一團。剛開始,小狗不太能控制體溫,所以這個保護機制是必要的。

小狗從一出生就有味覺,雖然能力不像成犬那麼成熟,但這個小小的味覺能促使他們吸吮;剛出生這幾天,他們大概會花1/3的時間來吸吮。小狗的臉有觸覺,所以他們能感覺到食物的方位。

掉出巢外哀叫著
如果你碰小狗的側面或臉,他們會反射性地搖頭。這個動作讓他們可努力穿越一堆小小同伴。但是,非常小的狗狗,四肢並沒有足夠力氣移動、或支持身體,他們的生活就是吸吮和睡覺。如果他們掉出巢外,自己是回不去的,但他們哀傷的叫喚會把媽媽叫來,讓媽媽把他拎回巢裡。叫喚的聲音隨品種不同,所以一隻吉娃娃新生兒會發出哀鳴,但是一隻體型較大的小狗(例如:愛爾蘭賽特犬),一天齡的時候,就會吠叫了。

母親用嘴輕鬆夾著
另一個非常重要的反射就是,當小狗的脖子被夾住時,他們會變得軟綿綿的,回到胎兒的姿勢。這讓狗媽媽可以輕鬆移動小狗。但出生後4~5天的狗狗,就會改變姿勢了,此時若被夾起,小狗因四肢變得較強壯,就會屈曲。

小黃金開始長毛了
在本週結束時,小黃金獵犬的腳,會長出一層薄薄的毛。他們現在有一張細毛茸茸的臉。腳掌和鼻子,顏色開始變深,臉的顏色變得比較接近正常膚色。

出生 2 週

新生兒時期

會吠叫或咆哮
發聲快速發展。10天大時,吉娃娃幼犬就會吠叫,14時他們會咆哮。愛爾蘭獵犬則是在10天大時,就可咆哮。

母親吃掉小狗便便
剛出生這2週,狗媽媽會待在小狗身邊。剛出生這幾週,小狗狗的睡眠時間常被抽筋打斷。狗媽媽會舔舐小狗的臀部,

促使他們排便和排尿,狗媽媽則把排出物吃掉。這回應了狼發展時期,當幼犬跟著媽媽待在樹根下的巢內時,母親會吃掉幼狼排泄物,這樣不僅可減少生病危險,也能避免飄出的味道引來掠奪者攻擊。

眼睛睜開囉!
小狗的眼睛,通常在第10天睜開。這時機,會隨種類的不同而改變:95%的可卡獵犬與米格魯、約33%的喜樂蒂、約10%的獵狐梗,他們的眼睛會在第14天睜開。底下小圖所示的出生2週黃金獵犬幼犬,只睜開了一隻眼睛。

鼻子變成黑色
鼻、口、腳的顏色持續加深。鼻子,已完全變成黑色的了。毛皮,也開始明顯地生長。大部分的時間,頭還是貼在地上。

出生 3 週

轉變期

這是重要的一週,此時期稱作「轉變期」,之後緊接著較多活動與玩耍的「社會化時期」。

試著站起來
小狗狗站起來了,時間很短暫,肚子會離開地面。小狗狗常常用前腳站著,但是後腳還不會。他們會慢慢進步,把腳伸出,試圖行走。他們很愛玩,喜歡抓住小小同伴的耳朵,但大部分時間還是躺在地上。他們喝奶時,後腿還是會拖在地上。他們會向前、向後,爬來爬去。

試著抬起頭
小狗會伸出頭,但還無法完全抬起。眼睛已經睜開,並且對光有反應。耳朵也已經打開,對聲音有反應。狗狗愈來愈愛動,經常掉出巢外。掉出巢外時,會發出哀鳴引起注意。可以吃小口的肉,配上媽媽的乳汁。隨著飲食的改變,媽媽不再舔舐他們的臀部以刺激排便。

樂意接觸人
活動力增加,會在巢外排便。小狗狗之間,開始出現社交信號。他們會開始搖尾巴,並且小聲嚄叫(在這個階段還不具攻擊性)。小狗狗更樂意接觸人,用手抱起他們時,他們會舔你的臉。

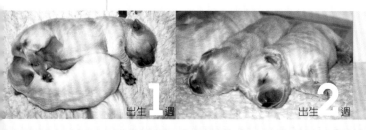
出生 1 週   出生 2 週

出生 3

這是「社會化時期」的開始，直到出生10週才結束。

出生
4
週

社會化時期

神經系統持續發展

脊椎神經發展髓鞘。狗狗的神經發展，讓他們能夠玩耍。

搖尾巴抬前腳

搖尾巴變成一種特徵，同時會抬起前腳。品種對發展時機有很大的影響：

一窩可卡獵犬最早可能在第3週，就有新生小狗狗開始搖尾巴，比較慢的在第6週才開始搖，中間程度約在第4週。但是，巴辛吉卻要在第4週結束時，才開始出現搖尾巴動作，比較晚的甚至要到第13週才會搖尾巴，但一般通常都在第6週開始。

愈來愈好動愛玩

隨著玩耍行為，在4～7週齡開始出現玩耍的吠叫聲。他們開始花比較多時間在探索、發現、社交、玩耍，花在睡覺和進食的時間變少。

如果你伸出手指，小狗狗會很高興地「吸吸」你的手指。

出生
5
週

社會化時期

開始長牙

小狗狗仍在發展，臉還是像小狗那樣胖胖的，但眼睛睜得更開了。在5～6週齡，小狗開始長牙。當小狗狗打了個大呵欠，我們可清楚看見他們的牙齒，但牙齒還沒長齊。小狗狗會日漸得到較多固體食物，母狗開始拒絕讓小狗喝奶。

站得很穩，正在學走

小狗狗正經歷重要轉變，而且常常在巢外遊晃。他們會很有自信地、以四肢穩穩地站立，花很多時間在他們感興趣的人身上。他們會走，但走得不是很穩。隨著玩耍，漸漸變得愈來愈主動且複雜，會輕咬、抓扒小小同伴。

逐漸了解社會關係

第5週，可能是小狗了解社會關係的關鍵敏感時期。開始懂得「猛撲」、「搖動」(和獵殺行為有關，還有部分性成分，例如爬到別的狗身上，進行猛推動作。

活動力變大了

體型持續長大，毛明顯增長。力氣和活動力都變大，例如可觀察到他們用後腳站立，前腳搭在某個物體上。

鼓勵斷奶，減少分離焦慮

狗狗這時期都吃固體食物，雖然沒那麼愛喝奶，但還是會找媽媽喝奶。狗狗持續吸奶，會讓母親持續泌乳。很多培育者，會鼓勵小狗在出生第6週斷奶，至少要在小狗去新家1個星期前斷奶，目的是為了減少與母親分離的焦慮。自然情況下，母乳的分泌，會在第7～10週才停止。

吃反嘔食物

狗媽媽會反嘔食物給小狗吃。這是母親回應小狗乞食的正常反應。這也是一種狼哺育小狼的古老方法。母狗給予小狗固體食物，但是已經分解的食物，讓小狗容易咀嚼進食。

更加互動地玩耍

玩耍範圍從「攻擊」鞋帶到「互舔」都有。他們也開始玩東西，例如扯紙、嚼紙。

出生
6
週

社會化時期

出生
7
週

社會化時期

體重增加中

體型變得比較大了，但仍在增加體重。他們依然擁有胖胖的小狗臉，以及讓人喜愛的天性。

變得非常活潑

如果小狗受到允許，能和媽媽、主人一起在花園玩，他們會很高興地探索這個全新的環境。會一邊搖尾巴，一邊打滾跌在彼此身上，和媽媽、主人玩，專心研究花，還有咀嚼植物。

41 玩耍

狗是社會動物,玩耍,是他們發展中的一個重要部分。小狗需要藉著玩耍,學習社會化互動。尤其是在8週齡時,小狗通常已經斷奶,並且對新奇刺激不再那麼感興趣了。玩耍很重要,當小狗逐漸長大,讓他們了解主人的地位比較高,並了解玩耍是由主人主控,是很重要的。

玩耍,是社會化訓練之一

玩耍,包含了個體發生學(Ontogeny)或是行為發展的重要性。當小狗經過了出生第3週的轉變時期,他們就會開始玩耍,並在第4週進入社會化時期,發展要求玩耍的信號,他們會對其他的小小同伴抬起前腳。這種要求玩耍的能力,會慢慢進步,然後會加上「玩耍鞠躬」:小狗把胸部貼近地面,前腳接近平貼在地上,頭以某種角度懇求地抬起,尾巴有節奏的搖擺,同時會吠叫。小狗可能會向前、又後退,重複做這些動作,要你參加他的玩耍。

同一窩出生的小狗狗,在發展期間會一起玩耍,同時學習適當的動作。但如果他們玩得太超過,可能會變得有點神氣活現的。

我是黑色的拉布拉多

玩耍主控權在主人

當我們和小狗玩耍時,社會化訓練能幫助他們認知人類的地位。當小狗漸漸長大,並開始想和我們有互動性玩耍時,他們會很快了解到:可以和其他小狗玩「拉扯」遊戲,卻不能和大狗拉扯。如果,我們用拉扯方式和小狗玩,而且很積極地參與遊戲,表現完全不像大人,這時小狗會把我們當成一同競爭玩具的小孩。假使,他們成功地從我們手中搶走玩具,在他們眼裡,我們的地位會更降一級。這種搶玩具的動作,對未來的訓練,會有不良影響。請避免讓小狗狗「遊戲似的輕咬」你的手,這樣會讓他更確定,他的地位比你高。

玩耍,應該是狗狗訓練的一部分,所以撿球遊戲,就是一種啣回訓練。「躲貓貓」更是一種很棒的遊戲,但是只能由你決定,是否要開始玩這個遊戲喔!

小狗當然很喜歡玩丟球或其他遊戲,而我們通常也覺得,小狗啣著個玩具來找我們玩,是很可愛的舉動。大部分的人都會想成:這是狗狗來「找我們玩」。但是,如果我們回應,並且和他們玩,小狗就會覺得自己地位提高。所以,我們應該讓自己成為那個決定要玩耍的人,而不是被小狗要求、就照著他們意思做的人。

我們是黃金獵犬幼犬

從小教起

小狗玩耍的一個特徵是夾、咬,他們是以這種方式學習,該如何和小同伴互動。因此,如果你准許小狗夾咬你,他們不會知道這麼做是不對的。如果你被夾咬,就立刻停止,不要繼續和他們玩。如此,他們就會知道不應該夾咬你,以此建立主人較高的權威。

藉著狐狸的再馴化，我們得知，這會培養出一種比他們野生祖先更愛玩的品種。所以，早期的狗狗，在幼犬時期所需的社會化時期，可能更長。幼犬期更長，代表會花更多時間玩耍，以適應人類。

早期，當警戒心較低的狼被食物吸引，使自己受到馴化。後來，人類再利用遺傳和人擇，調整幼犬身體結構的發展時間，讓某些犬種的成犬，在外型上較接近小狗，而行為像成犬，就這樣，他們變成了愛玩的狗狗！

馴化的銀狐

挑選溫馴和愛玩的狗

我們總是假設，人類喜歡挑選外觀像小狗、比較不具威脅性的品種來飼養，但是過去50年研究所得的證據，卻指出個性可能會改變外表，類似「相由心生」。

自1959年起，俄羅斯的遺傳學家，從銀狐單一品種培育出一種似乎「比較溫馴」、而且對人警戒心較低的品種。他們每一代都變得更「容易訓練、並喜歡討好人」，會頑皮地搖著尾巴，一邊低鳴，一邊接近、舔舐人類。附帶說明，為避免人為因素影響實驗結果，此實驗已將銀狐在生活中和人類的接觸減到最低，因此可確定這樣的改變，是來自遺傳因素而非人為影響(請參考方法10、17)。

隨著馴化，銀狐不僅性格變得較溫馴，就連外在特徵也改變了：毛皮圖案、垂耳(野生犬科動物無)、捲尾、頭骨形狀改變使腦變小、牙齒過度咬合／咬合不全。這些外型變化都不是刻意進行或造就，而是伴隨著銀狐個性變溫馴，而出現的特徵。

別為了想表示我們對狗狗的愛，而給他們太多玩具。當狗狗一直獲得玩具，我們就更難建立自己是領導動物、是「團體首領」的地位，這樣也會減少每個玩具對狗狗的獨特性，使玩具無法成為我們鼓勵狗狗的工具。基於上述理由，在玩了一陣子訓練遊戲後，應該把所有玩具收起來；這樣，狗狗才會了解那些是你的玩具，而且只有當你准許的時候，他們才能和你一起玩。

人類偏愛「長得像小狗」的成犬

年紀較輕的狗，比年紀較大的狗愛玩；包括狗狗在內的肉食性動物，是所有動物中最愛玩的。藉著遊戲，他們會以一種誇張的方式練習狩獵、戰鬥。控制遊戲的唯一方法，就是禁止狗狗咬我們，這是唯一能讓小狗開始了解社會關係的方法。從第4週起，雖然狗狗的社會活動增加了，但他們的胖胖臉和垂耳，看起來仍一點威脅性也沒有。即使狗成年了，我們仍喜歡他們生氣勃勃地玩耍，所以我們通常喜歡挑選成犬外觀比較像小狗、比較不具攻擊性的品種來飼養。

42 敏感期

學習，是為了成年做準備，狗狗在發展時，會經歷一個敏感期，這是很重要的學習時期。狗狗可能會在年紀稍大時，學習其他技巧，但這個時期，是最適合他們吸收資訊的時候。

我是史賓格獵犬

眼睛睜開，終於耳朵對聲音有反應。這個過程不會在1週內全部完成，每個品種所需的時間稍有差異。在這1週，狗狗的alpha腦波會突然增加，但直到8週大，數值才會和成犬一樣。這些發展，使小狗的活動量變大，使他們開始和小小同伴進行社交溝通，使他們對我們有所回應。

另一個重要時期是「社會化時期」，更多的神經發展與身體成長進度一致，這些協調發展，能幫助狗狗學習社交，不管是向小小同伴、父母、或其他對象學習。

因此，當我們利用狗狗12週齡大的社會化敏感期，訓練他們和人類、其他狗狗相處時，我們的參與，會讓狗狗把人類視為團體的一份子。從哪裡可看出這個時期的影響力？如果狗狗在這個時期只和貓相處，長大後他們會比較認同貓，而非人。史考特(Scott)及福勒(Fukker)認為，主要的社會化時期，是在出生後第3～12週；12週以後，狗狗對新事物的警戒及恐懼，都會漸漸減緩。

出生2～3週，要開始適應人類

小狗，打從很有限的感覺系統開始發展，從感覺媽媽乳頭的方位、吸吮母乳，直到能和同胎出生的兄弟姐妹一起玩耍為止。在2～3週齡時，小狗應該開始社會化、適應人類，且在約6～8週齡時斷奶。如果人類沒在小狗這個時期主動接觸他們，他們會不適應人類，對人類有恐懼感，因恐懼而咬人的危險性也會增加。

另一個「敏感期」，約從5週齡開始，這個時期裡，他們和其他小狗狗玩耍時，會做出「猛撲」及「搖動」等狩獵動作。10週齡以下的小狗，會試著做出壓倒獵物的動作，意即：把前腳壓在物體身上(模仿狐撲)。

3～12週，進行訓練最適合

如同史考特(Scott)及福勒(Fukker)所定義的，「轉變期」可能是狗狗一生最富戲劇性的一段時期。始於

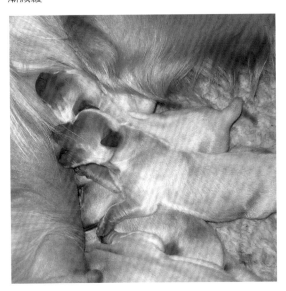

一隻狗若沒和人類相處過，而且不了解我們的生活方式，不代表他不適合被飼養；事實上，對野生動物而言，害怕人類，就是他們的生存模式。無論如何，要讓狗狗和人類好好相處、認同人類、和人在一起時感到安全，社會化訓練是很必要的。

我是德國牧羊犬幼犬

學習與小孩、陌生人相處

一隻沒經過適當社會化的狗，即使和其他狗(幼犬、成犬)相處，都會感到不安和不快樂。一隻在社交敏感期被孤立、沒和其他同伴一起相處的小狗，將無法了解什麼行為是對的或錯的，他可能會咬人、對周遭事物感到害怕。狗狗缺少社會化，會使你很難帶他出去散步。

當家中有訪客來訪時，你若不希望狗狗製造問題，就得讓狗狗習慣人類。慢慢開始嘗試以下這些步驟。先讓一個狗狗不認識的人，坐在一個沒有威脅性的位置，慢慢介紹這個人給狗狗認識。讓你的狗狗和小孩好好相處，尤其重要；然而，這是一種互相體諒、讓步的關係，要事先教導小孩保持冷靜，要溫柔撫摸狗狗。

和年紀相近的小狗共處

一旦你帶新生狗狗離開他的兄弟姐妹小同伴後，你就有責任讓他在注射疫苗後，和別的小狗狗相處。最好的方法之一，就是每週至少帶他去上一次小狗社交課程。

參加這種課程，能讓你的狗狗和其他年紀相近的小狗相處，在安全的地方，學習如何和其他狗狗正確互動。隨著狗狗成長，你也要開始禁止他的某些動作，他得學習控制想咬東西的慾望，也得了解要他服從的訊號。

習慣養成

· 在家時，慢慢介紹家裡的東西給狗狗認識，剛開始，一次一個，要讓狗狗和物品保持一點距離。

· 讓狗狗習慣坐車旅行，是很重要的，可避免日後旅行時發生問題。

· 當你開始帶小狗去散步，要先找一條安靜的路，等他漸漸習慣偶爾出現的車子，給他一個鼓勵。然後，階段性加強他的忍耐力。

· 小狗狗結束幼犬課程後，要繼續進行訓練課程，後續的社會化也是非常重要的。

我是德國牧羊犬

我是傑克羅素犬

我們是長毛臘腸狗

選擇性別

考慮養一隻狗的時候,除了品種,其中一個最重要的考慮就是要選擇性別。有趣的是,讓狗狗成為公狗而非母狗的主要差別是:剛出生、和3週齡的公狗,腦部會分泌20倍的睪酮。除此之外,在青春期來臨之前,公狗睪酮的分泌量,都和母狗一樣。

我們是史賓格獵犬幼犬

一項由班傑明(Benjamin)及林奈·哈特(Lynette Hart)進行的研究,發現不同性別的狗狗,過度愛叫、容易激動的表現也明顯不同。公狗傾向花費較多心力保護他們的領地,因此較具破壞性,而且對小孩態度暴躁。公狗,也比較容易走失。

強勢公狗,麻煩製造者

公狗常見的其他特徵包括:抬(翹)腳排尿,特別是重複尿在直立的物體上。他們用來宣告領地的尿液記號,若出現在家中,可能會讓主人很困擾,這幾乎是每一隻強勢公狗都會發生的問題。除此之外,公狗也常發生趴在訪客、或其他狗身上,或直接嗅聞女訪客的窘況。

一些研究也顯示,狗狗對不同性別的人類,反應也有差異。母狗並不會特別喜歡哪種性別的人類,但公狗顯然比較喜歡人類的女生,更勝人類的男生。

只有少數的狗主人,會帶著他們的狗尋求問題行為的解決方法,只是,這些狗狗大都是公狗。查看1994年~2003年的年度紀錄,寵物行為顧問協會發現,56%~64%的問題案例,都是發生在公狗身上。

母狗天生受教、較愛乾淨

通常,公狗比較容易對主人表現強勢、且攻擊其他狗。相對來說,同品種的母狗比起公狗,較易保持家中衛生、接受服從訓練。這是他們團體生活的祖先,所遺傳下來的習性。

考量品種的攻擊性高低

如果你正考慮飼養攻擊性較低的狗種(例如黃金獵犬、巴吉度),那麼選擇公狗或母狗,就不是那麼重要了。然而,如果你想養的是原本較具攻擊性的品種(例如迷你雪納瑞),或是具適度攻擊性的品種(例如貴賓犬),那麼公狗和母狗之間的差異就很明顯了;當然要母狗,因此這些品種的母狗,比較容易和人類共同生活,較不具攻擊傾向,較易訓練。

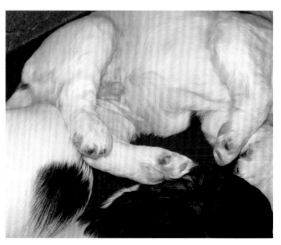

45

從狗狗10週齡起,到他們完全性成熟前的時期,稱為「青少年時期」。當狗狗漸漸長大,雖然他們基本的行為模式沒有什麼戲劇性改變,但運動技巧卻會隨著肌肉發展而進步。在某些特定場合,小狗也會學習適當的特定行為。

公狗開始抬腳排尿

12週齡大的狗狗,會開始變成真正的探險家。同時,他們發出哀鳴、向母親求救的次數明顯減少,這代表他們變得堅強,存活機會增加了。青春期,公狗會開始做出抬腳排尿的行為,這種行為有部分原因是受到基因影響,但是也與個體環境有關:這種排尿方法,和成犬做氣味記號有關,同時一隻狗的地位高低,也會影響發生時機,地位較低的狗,會比較遲才做出這種抬腳排尿的行為。

狗的品種和性別,會影響其青春期開始的時機。公狗大約在4個月大時,就會對發情的母狗展現興趣,但一直要到7~8個月大才能真的產生授精交配行為。在母狗進入第一次發情期之前,她不會對任何公狗有「性趣」;母狗第一次發情的第10天左右,她會變得能接受公狗的求愛,這時就有受孕的可能。

我們是德國牧羊犬幼犬

我是黑色的拉布拉多幼犬

帶小狗回家

最好時機:8~12週齡

我們發現,在小狗12週齡時帶他回家,比起在14週齡帶他回家,更容易訓練。但是,雖然他在此時神經已發展完全,要訓練「青少年時期」狗狗完成複雜性工作,還是有其困難度。因為他很容易對任何事感到興奮,相對地,注意力便不容易集中(畢竟,他們仍是青少年)。儘管如此,還是要讓他接受「被動訓練」,像是和他玩遊戲,介紹其他人給他認識,這能增加他日後解決問題、和接受新事物的能力。同時,試著不要讓你的小狗接觸太多打鬥場面,他可能會因為受到早期經驗影響,而造成恐懼症。

通常建議,在小狗8週齡時就把他帶回家。因為,如果他在小時候花較多時間和其他小同伴狗在一起,而缺乏和人類相處,成年後,他可能不太願意理人。

46 小時生病，大未必佳

正所謂「從小看大，三歲看老」，所以當狗狗還是幼犬的時候，就能看出他長大成犬的樣子。我們已漸漸了解，幼犬時期的經驗，會對狗狗日後的發展影響重大，但我們卻忽略了，狗狗在幼犬時期生病、接受獸醫看護的當時經驗，也可能對他們的成長造成影響。

16週齡以前別看病？

獸醫安德魯·亞哥(Andrew Jago)針對500隻以上狗狗進行的研究，發現約13％的狗在16週齡以前曾生過病，其中最重要的發現是，狗狗在幼犬時期生病的經驗，和長大成犬後產生的行為問題之間，存在著明顯關聯性，這些行為問題包括：強勢型攻擊、攻擊陌生人、恐懼陌生人和小孩。此外，這些狗比較容易在分離時吠叫、發生不恰當性行為。

亞哥認為，恐懼陌生人及小孩，是因為狗狗缺乏適當的早期社會化經驗；而強勢型攻擊、分離時吠叫、不恰當性行為，則是由於對人類過度關心和太過在乎，而成了一隻過度「人類社會化」的狗。狗狗8週齡大之後，才第一次打疫苗，和某些行為問題也有關聯。

第一次搭車會害怕？

我們通常很難直接判斷，是什麼原因造成狗狗的行為問題，因為他們在幼犬期可能經歷過很多事，例如離開媽媽身邊來到新家。甚至，「移動」這件事就可能對某些幼犬造成壓力，因為這是他們第一次搭車旅行。不管如何，由於幼時生病確實和狗狗日後的行為問題有關，所以當主人考慮送狗狗去獸醫那兒進行醫療時，也要注意可能造成的影響。

幼犬時期接受過多治療，長大也不好？

小狗與健康

· 詢問：在你「領養」前，狗狗是否曾接受過藥物治療。

· 獸醫隔離照護狗狗時，會減少他的社會化時間。

· 如果你的狗狗生病了，家人要常去醫院看他，或要求護士，每天花一些時間和小狗相處。

· 當狗狗回家後，確保狗狗能在不感到威脅的狀態下，和一些人相處。但這得看狀況，若病情嚴重，狗狗可能會需要絕對的安靜休養，也不適合和其他狗狗相處，否則可能會使他日後無法和其他狗狗和睦相處。

· 記住，無論如何，狗狗的健康和適當的照顧永遠是第一要務，而且慢慢來絕對比之過急好。

幼犬治療

主人和狗狗形成互動關係後，若經常帶狗狗去獸醫院進行治療、或餵狗狗吃藥，會讓狗狗感到痛苦。但是，如果小心翼翼，還是可讓年紀稍大的幼犬逐漸習慣，進而減輕痛苦感。此外，藥商也會試著讓藥變得比較好吃，或是不吃藥改擦藥，例如跳蚤控制藥，只要輕輕一抹，不會造成任何痛苦。

完成結紮的狗狗數量,似乎一直在增加。英國的寵物行為顧問協會(Association of Pet Behavioural Consellors, APBC)在1994年發現,40%的公狗和47%的母狗已經完成結紮;這個數字一直都在穩定上升。2003年,64%的公狗和71%的母狗已經完成結紮(相較之下,在2003年,公貓和母貓已有97%完成結紮)。

為什麼要結紮?對一隻健康的狗來說,要做這種手術需經過嚴肅考慮。一隻展示犬通常得「完整無缺」(未結紮),如果你很確定不會帶狗去比賽、或不會讓他生育,就可和獸醫討論看看。過去,公狗某些與性荷爾蒙有關的行為,結紮後較易被控制;不幸的是,結紮可能會讓強勢的母狗,更強勢。

公狗不再強勢了

雖然從表面看來,結紮與控制狗狗的行為,有直接因果關聯,但其實這之間的關係也不是那麼簡單。某些獸醫與動物福利組織之所以建議「早期結紮」,是為了控制犬隻數量。至於結紮是否會對狗狗日後的行為產生影響,我們還不是很清楚。某些研究結果顯示,在攻擊性、吠叫、或其他特性上會有一點差異,但早期結紮可能會使「易興奮」這一點更惡化;李伯曼(Lieberman)的研究則指出,在6~12週齡結紮,可能可以減少狗狗攻擊性、發生性行為。

控制公狗的攻擊性

在正常年紀進行(通常是狗狗6個月大時)結紮,似乎最能有效減少公狗天生的攻擊性、排尿做記號、啃咬、迷失問題,即使結紮無法完全解決這些問題,但已能減少頻率、降低嚴重性。結紮,或許無法「治療」狗狗的攻擊行為,但至少比較能控制。

減少棄犬

結紮,是利用手術摘除生殖器官(公狗的睪丸),避免狗狗生下非預期的後代。在某些地區,結紮也稱「閹割」。

舊金山防止動物虐待協會的調查顯示,如果城市裡有一家作法積極的大型結紮診所,就能有效減少寵物數量過剩的問題。舊金山一家自1976年開始營業的診所,是美國第一家低價結紮中心,它使舊金山動物庇護所,在1985年~2005年這20年間收容的棄貓、棄犬數量,少了一半以上。

家庭訓練:「排泄」

家庭訓練的成敗,就在於你能否預估狗狗什麼時候要排泄,而不是在事後嘗試處罰狗狗。家庭訓練,應該要和幼犬的排泄行為互相配合才行。

尋找跡象

當狗狗犯錯時不要責罵他(不論你有多生氣),除非你當場抓到他犯錯,否則責罵會造成反效果,並讓他對你感到害怕。3個月齡的小狗,每3個小時會想排泄一次,所以試著觀察他的行為跡象:狗狗在排泄前,會開始繞圈圈,並且貼著地面嗅聞。

固定在一處便便

小狗可不會弄髒他們的窩,因為他們的媽媽,在他們還小時,會刺激他們排便,並且把排泄物吃掉。接近斷奶時,狗媽媽會停止清理他們的排泄物,小狗會跟隨媽媽的習慣,維持窩裡的清潔。7～8週齡時,他們會發展出一種習性,喜歡在特定地方排泄;第8週時,他們會換到一個離窩巢較遠的特定地點排泄。

訓練小狗在報紙上排便,而不使用花園,實在有點不合理。如果可以,還是試著讓狗狗在花園排泄;不僅是在固定地點排泄,如果他能學會聽從指示,在固定時間排泄,這對外出旅行、拜訪,或到公眾場合非常有益。

很多狗狗學會上廁所的規矩,就像鴨子學游泳一樣快。只要你能持續監督,並且一旦預測到他將排便,就把他移動到適當位置即可,但是某些狗狗可能會不太願意妥協。如果是這樣的話,有兩項最棒的道具能輔助你訓練:鬧鐘、籠子(請參考方法53)。

狗狗做對了,要讚美

在訓練期間,狗狗的「巢」,就是舖著狗狗小床的籠子,狗狗會忍著不去弄髒它。進行區域限制訓練期間,你不能把狗狗留在籠子裡太久,請讓鬧鐘提醒你,2個小時內要放小狗出來。為了避免狗狗在前往花園的中途「解放」,要對他說些鼓勵的話,或是在手上拿個玩具,讓他分心。

當你們到達花園內的適當區域,而狗狗開始排泄時,請讚美他的良好表現,確認你用了一個確切的詞,例如「尿尿」,如果你每次都這麼說,狗狗很快就會把這個詞,和你要他「排泄」這件事,聯想在一起。讚美方式,可以用小零食、或玩一場遊戲來加強。

如果你的狗狗有夜間排泄問題,把餵食時間移到早上,通常可獲得解決。

基本訓練有個重點,那就是每隻小狗都應該受訓,以確保他能表現適當,並且不會對你、或對他自己造成危險。訓練完畢,主人不僅能獲得狗狗的尊敬,並且能和狗狗建立起溝通方式,如此可減少狗狗的行為問題。以前從未受過基本訓練的成犬,也應該接受同樣的訓練。

我是黑色拉布拉多

如果你的狗對主人表現過於強勢、或有其他特殊行為問題,即使你已嘗試了其他的特殊解決方法,但還是應該對他進行基本訓練。

坐下、等著、來……,這就是基本訓練

為了對狗狗有基本的控制能力,你應該要訓練他:「坐下」、「等著」、「來」(或是召回)、「趴下」、「跟著走」。當你和狗狗開始進行練習時,應該要帶一條輕質的訓練牽繩、一個適當的項圈。其實,可以在狗狗10週齡時,在家中沒有其他干擾的地方,開始進行短暫訓練,但是不要讓他太累,因為這同時也是你開始主動幫助他社會化的時期。記得,一次不要做太多種練習。

有獎品的訓練

食物獎勵很有效

有獎品的獎勵式訓練,已經變成標準方法,取代以前使用的牽繩窒息法。如果你的狗對食物一向很有興趣,食物獎勵將會非常有效。在餵食狗狗吃飯前,進行練習最有效。

準備小塊雞肉

小塊的雞肉與乾狗食相比,有個優點,那就是狗狗不用喝水,就能吞下。用一個方便使用的袋子,把獎品裝在裡頭,放進口袋,不要讓狗狗看到。預先取出20幾個肉塊,進行一項簡單練習(每項練習約需使用20個肉塊)。很多飼主及訓練師,都喜歡以左手下指示、給獎品。若不使用牽繩,使用右手可能會比較方便。把食物握在手中,可以幫助訓練順利。

獎勵小餅乾

有些廠商,專門生產訓練狗狗所使用的獎勵小餅乾。這些東西當然很不錯,但是食物本身就是一個有效的鼓勵了,準備什麼食物,不會有太大差別。

用讚美代替獎品

當狗狗愈來愈熟悉你對他的期望,就可以開始減少給獎品的次數,而改用稱讚來做為主要獎勵方式。當一個指令做得很好時,只要偶爾給食物獎品就可以了。

你是領導者

你的體型比你的狗大，身高比他高，你本來就具備當領導者的優勢(狗狗是群體動物，他們仰賴強勢者的領導)。狗狗若在訓練中表現良好，你也是那個給予獎勵的人；獎勵不僅是指食物，也包括給予喜愛的玩具、鼓勵的觸摸。記得，任何獎勵或處罰，都要在事情發生當下，馬上給予。

很不幸地，大部分飼主都不曾正式或持續地訓練狗狗。狗狗上訓練課程的時間，通常都很短暫。訓練課程對狗狗很有幫助，但並非必須，最重要的是，主人應該自問要達到什麼目標，然後適當地執行訓練，並在狗狗心中扮演一個有愛心的領導者角色。

主人態度不堅定，狗就變強勢

問題通常出現在如何扮演「有愛心的領導者角色」。現代人可能很難了解，該怎麼做。20世紀中期以前的「人類社會」，人類被認為是「供應者」，所以會用實際、直接的方式對待狗。人類究竟改變了多少，可能有待爭議，但很明顯的是，現在有許多人，很難以堅定果決的態度和立場，對待他們的狗狗。主人若很猶豫不決，會

讓強勢的狗認為，這不是個態度明確的領導者，他們認為自己應該取而代之，扮演領導者的角色。

在這個混亂的時代，人們對自身安全缺乏信心，女性在情感上受到傷害時，可能覺得需要一隻大狗來保護她。但這也會陷入同一個模式：狗狗變得太強勢，主人不安全。我們人類以錯誤的方式對待狗狗，導致一隻隻「問題狗」的出現，而使他們不得不接受安樂死。人類的問題，似乎比狗大？

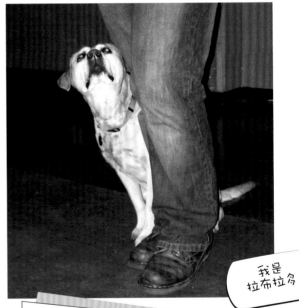

我是
拉布拉多

控制得當

在你和狗狗的關係中，你應該是比較強勢的一方，但強勢不是「跋扈」。你要當一個堅定、有愛心的領導者，而不是暴君。暴君主人，會讓狗狗惡化成非常強勢、或非常害怕人的狗。

你對狗狗傳達的任何溝通訊息,不論是簡短清楚的口令、身體語言或信號,或是利用響板做訓練,都應該明確、不能模稜兩可。你應該主動進行餵食、或是主動帶狗狗去散步,而不是受到狗狗指示才去做,否則你會發現,他在嘗試篡奪你的領導者地位。

這是母的傑克·羅素㹴犬

指令清楚堅定,狗狗就會服從

所謂的「被動型強勢」,就是讓狗狗比你先走出家門,讓他比你先進食吃飯,散步時讓他拉緊牽繩……諸如此類。從張開手歡迎他,到站姿堅定,你的肢體語言一定要清楚明確,你必須是一個傳達訊息的演員,而不能讓你的感情控制你。

與狗狗站的地方有點距離時,你下達的指令,可能會讓他感到很興奮、很具鼓勵性。在戶外,你若要離開,可別朝向你的狗狗走去,而是要用明確的身體語言表達「離開」訊號,讓狗狗聯想到他的「群體」正要移走,這樣他也就會跟著你走了。在室外練習時,你應該使用和口令相關的特別手勢,別因為擔心自己看起來很蠢,而做出不自然的手勢,或是柔和手勢、肢體動作、聲音。記住,要想得更遠一點,你的狗狗若不受你控制,可能會引起意外,或使你自己身陷危險。

表現良好,馬上讚美獎勵

和狗狗進行溝通時,應該要有獎勵部分。主人應該讓狗狗了解,只有表現良好,才會有獎勵,不要隨意給予特別獎勵,混亂了你的指令方式。一但狗狗執行了指令,就馬上給他獎勵,時機,是非常重要的。

狗狗被訓練得愈好,應該會獲得愈多獎勵,但這獎勵是多多稱讚,而不是食物鼓勵。當他能了解、並執行你的指令時,狗狗會覺得很高興,因為這是個成功的雙向溝通,而且可讓狗狗明確了解你和他的關係。

「轉身背對你的狗狗,以獲得他的注意力。」這個動作要做得很清楚明確:狗狗很聰明,如果我們使用易了解、且不易混淆的方式傳達意思,他們可以做得更好喔!你的狗狗總是在評價你,如果你坐在沙發上懶散消沉,讓他吃光你的食物而且咬人,你其實正在傳遞很多不好的訊息給他。

有自信的控制

· 對狗狗下達清楚的指令,讓他了解,你正有自信地控制他。

· 別試著威嚇你的狗,這可能會產生反效果。

· 你的態度要堅定冷靜,要同時分析當下狀況,以及狗狗表現得好不好。並試著了解,你是否傳達了清楚的指示,而狗狗是否能乖乖聽從指示。

· 像「坐下」這類簡短、明確、清楚的口令,和其他字眼較多、發音音節較多的指令是不同的,狗狗都能了解它們的差別喔!

· 確認你正清楚傳達一種訊息給狗狗:「一切由我掌控中,而且一切都很好。」

使用牽繩、項圈

訓練狗狗時,牽繩,是唯一、也最重要的配備,它能讓你控制狗狗。體型較大、即使受過良好訓練的狗狗,最好還是幫他戴上牢固的牽繩。不要買短牽繩,標準的散步與訓練用牽繩,應該要夠長,能保持你的狗走在你身邊、或走在離你適當的距離內。一個可調整的三合一訓練牽繩,有3種長度可選擇,是滿有用的訓練工具。

項圈:不能扣太緊

小狗應該要有一個大小適當的項圈,要夠柔軟、夠寬,可以橫跨他的2個脊椎骨。隨著狗狗長大,項圈也要換。項圈鬆緊度,以可伸進2、3根手指最合適,否則就太緊了;但若太鬆,項圈可能會被狗狗咬住,然後拉掉。同樣地,幼犬的牽繩不應太重;對大部分成犬來說,一個附有牽繩連接處的簡單扣式項圈,是很適合的。項圈,應繞過狗狗的脖子前方,牽繩則連接項圈,並由飼主握著,狗狗應該走在牽繩的左手邊。除非項圈被用來制止狗狗,否則應該要能鬆鬆地掛在狗狗脖子上才是。

制止鏈:小心傷氣管

如果能使用適當,制止鏈、服從項圈可能會是很有用的工具,在今日,這兩種工具比起多年前,已相當受到重視。我們應該只在訓練時使用它們,而且應該很快地制止狗狗,然後儘快放鬆。但請避免對幼犬、或其他頸部易受傷的狗狗使用窒息鏈;使用時,如果狗狗持續拉扯,絕對不要一直緊拉鏈子,這是完全錯誤的行為,而且可能會讓狗狗受傷。

我們是拉薩犬

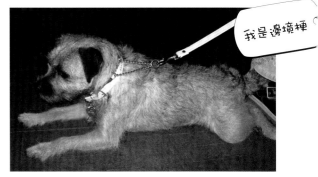

我是邊境㹴

另有一種制止鏈,能用來控制狗狗,但對狗狗較不危險,那就是半制止項圈。這種項圈,一半是鏈條,用來圍繞住狗狗的後頸;圍繞狗狗前頸(氣管)的部分,則由布料製成。雖然,這些鏈條都可有效協助訓練脾氣暴躁的狗,訓練者還是要注意,任何一種制止鏈都可能對狗狗的氣管造成傷害:所以,注意囉,帶狗狗出門散步時,應該避免被狗狗拉著跑,適當的訓練和控制,應該可以克服這一點。

套具:可減輕拉扯力

在特殊情況下,可以使用頭部韁繩、挽具。近年,市場上出現一種新式套具,這種套具可以同時套住狗的口鼻、頸部。如果狗狗拉扯,他自己的動作會強迫自己低下頭來,恰好與他拉扯的方向相反。其他的套具,會讓狗狗在拉扯時,頭部轉向飼主,也同樣可減輕拉力。

很多飼主喜歡使用體套,因為體套不會限制狗狗的呼吸,任何制約都是針對狗狗的整個身體,而非頸部。然而,體套得在狗狗已經受過適當訓練,會恰當走在主人身邊時才能使用,若是狗狗突然猛拉,可能會對身體比較虛弱的主人造成危險。

總的來說,使用牽繩和項圈,一開始看起來可能會很怪,但在家訓練小狗時,你就應該讓他戴著牽繩,讓他習慣牽繩及項圈的存在。

古代就有的牽繩、項圈

狗狗戴項圈的歷史，好像打從人類和狗一起生活、訓練狗時就開始了。我們可以從一些早期壁畫和圖片，發現狗狗戴項圈的蹤跡，例如：在古埃及第11朝阿提夫二世法老石磚(紀念石)上的圖畫，便可看到；這大約是西元前2000年的古物。

古代項圈材質豐富

確實有些古老的項圈被保留至今，古代的項圈有些是由厚皮製成，其他是附有鉸鏈扣的黃銅，印有主人名字的縮寫，還附有前臂套，做為貴族的象徵。歷史上，也不乏人類以連接項圈的牽繩來控制狗狗的圖畫。例如：耐凡(Nineveh，西元前645年)這個國度的亞述城，裡頭的阿蘇巴尼博(Ashurbanipal)皇宮，也有描述大型獒犬戴上牽繩的圖畫。甚至，在更早的古埃及王朝第5朝代塔巴斯(Mustaba)的牆壁浮雕中，也可找到王宮大官太和闐(Ptah-hotep)，指示戴著項圈的長腿巴辛吉，獵捕北非劍羚和其他獵物的圖像。

可伸縮牽繩

有彈性的可伸縮牽繩，除了可控制狗狗，也提供彈力、以及某種程度的自由。但是要注意，不同體重的狗狗，要使用不同尺寸的伸縮牽繩。這種牽繩也可扣住固定長度，當做一般牽繩使用。

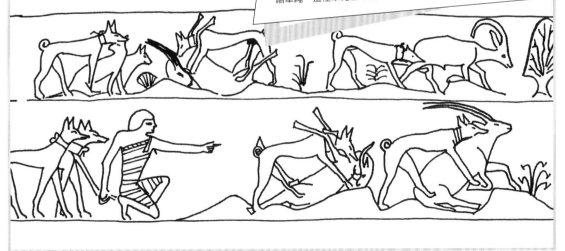

53 籠子訓練

如果狗狗從幼犬時就開始用籠子,那麼這對他們來說,就是個能放心休息的地方,不會讓他們感到被囚禁。籠子應該不是處罰工具,而是有用的訓練工具;甚至在乘車旅行時,還具備讓狗狗有安全感的優點。籠子做為旅遊時的工具,用來訓練對於還沒完全學會如廁規矩的小狗是很方便的,這也可用來圍成小狗的遊戲柵欄。

別讓狗狗在籠子待太久

當狗狗正進行家庭訓練時,如果被留在籠子裡太久,或是籠子對狗狗來說太大,這時使用籠子,就不是那麼正確可靠了。濫用籠子,可能真的會對年輕的狗狗造成危險。成犬的脾氣個性好不好,與他幼時是否好好接受社會化有關,狗狗與外界隔絕,這可能會讓他的情緒感到很不安。

別害他恐懼開放的空間

狗狗不能被關在籠子裡太久,他們可能會受到太大壓力,導致行為問題;在某些案例中,當狗狗被釋放到毫無限制的新環境,會發出痛苦的訊號,即使他們是在自己家中。不幸的是,某些飼主把這種信號誤解為「狗狗愛籠子」,而無法了解這種過分對待,已讓狗狗產生了開放空間恐懼症。

狗是社會動物,適當的照顧,對他們的身心健康、均衡行為,是必須且有益的。基於這個原因,進行籠子訓練,不僅應有時間限制,當狗狗被放出來時,也應該要讓他適當運動,和人類互動。

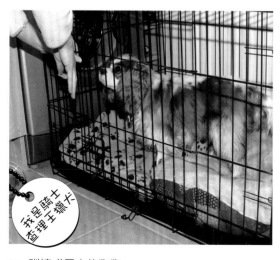

籠子訓練

向狗狗介紹籠子
在使用籠子做為家庭訓練或照護工具之前,先向你的小狗介紹籠子,是很重要的,你要讓狗狗了解,這是他的窩。

籠子設置地點
確定你在家中設置圍欄的地方,不會絆倒人或擋住路。最好把籠子設在離你活動範圍近一點的地方,例如廚房的一個角落、或是臥室,狗狗通常喜歡籠子被放在主人常走動的地方。

鼓勵狗狗進籠子
讓籠子的門維持在打開狀態,放進小狗的床、狗狗不易打翻的水碗,還有一個玩具。然後,用一個小餅乾鼓勵狗狗進去,而且每次都要使用明確字眼,鼓勵狗狗進籠子,例如「進去」這個詞。大部分的小狗,很快就會把籠子當成他們的「基地」,而且會自己進去裡面。

一次只能待2小時
當你的小狗已經很高興地進進出出,把籠子的門關起來,很快地,小狗就會開始打盹。然而,一旦你開始使用籠子,可別忘記你對狗狗的責任,一定要讓狗狗進籠子之前和之後,都做適當運動,而且不要讓他待在籠子超過2小時。

基本訓練：「坐下」

「坐下」是基本訓練裡，最重要的指令之一。當你要把狗狗的注意力，從別的事物拉回你身上時，坐下，會是一個很有用的姿勢，這能讓他比較冷靜。而且為了交通安全，在過馬路前先讓狗狗坐下來，是很重要的，如此才能看清路況，決定什麼時候該過馬路。

當你成功重複練習這個口令數次後(你可能會非常高興，狗狗這麼快就學會了)，移動你的位置，讓狗狗來到你的左邊。用你的右手拿著一個獎品，放在他的鼻子前面，然後握拳，把手往後舉繞過他的頭。當狗開始坐下時，說「坐下」這個字眼。先口頭稱讚他，再給他小獎品獎勵。

現代作法2：響板＋食物獎勵

如果你準備用響板訓練狗狗(請參考方法87)，那就要等狗狗偶然坐下，或設計他坐下時使用。怎麼設計？當他站在你面前時，用先前同樣的方法，讓他跟著獎品坐下，而且準確地在他坐下時，按響板，然後給獎品。重複做幾次。用響板訓練時要注意，到目前為止，你都還沒說過話，沒有指令，也沒有稱讚。所以，下次練習時，當你的手握著獎品，往狗狗的上方移動前，說出「坐下」指令，多重複幾次。

傳統作法：溫和壓屁股

傳統上，我們教狗狗「坐下」的方式，是讓狗狗戴上牽繩，來到你左邊的適當位置。你以右手拿牽繩，維持在狗狗頭上的高度位置，用一種溫和的下壓力，壓他的臀部，一邊說出「坐下」這個指令，通常都滿有用的。

現代作法1：用食物吸引狗狗

現代化的「獎勵」訓練方式，則是讓狗狗面向你，站在你面前。然後，右手握著一個小食物獎品，讓狗狗看著你的右手，然後你握拳，再把手臂高舉過他的頭，這樣就能很自然讓狗狗坐下；當狗狗坐下時，請說出「坐下」這個字眼，然後稱讚他，給他食物獎品。如果不順利，可能是因為你和狗狗離得太遠，所以當他的眼睛跟著你高舉的手移動時，他不會向後倒坐。而且，對於小型的玩具犬，你不能把手的位置擺太高，不然他們就會用後腳跳舞囉！

基本訓練：「等著」

狗狗學會「坐下」後，接下來要進行的基本訓練就是「等著」。為了狗狗的安全，有時候你會很希望他維持這種姿勢一下子，不只是在獸醫的診療桌上，這個指令也對一般控制很有效，像是當你有訪客來訪時。但是，不要讓你的狗維持這個姿勢太久，千萬記得你是什麼時候說出指令的！

如果你的狗很容易跟著鬆鬆的牽繩移動，請小心翼翼讓牽繩維持垂直長度，可幫助狗狗了解狀況。慢慢讓牽繩一次次增長，幾次後，在狗狗戴著牽繩的時候，把牽繩放在地上。然後，不要使用牽繩，這麼重複練習做幾次。

響板法：「等著」＝「坐下」的延長

如果你想使用響板法(請參考方法87)訓練狗狗「等著」，那就等於是延長「坐下」這個指令。讓狗狗持續坐下，等待你按下響板、給小獎勵，讓這個

訓練變成「等著」。這個訓練可按照以下方式簡單進行：說「坐下」，然後等5秒，按下響板、給獎品；再下一次，讓狗狗等10秒，然後慢慢增加狗狗等候時間，至1分鐘左右。如果你注意到，狗狗準備要起身了，按下響板並給他獎勵，確定、加強他對這個口令的印象。

緊張的狗

有分離焦慮的狗(這可能包括從庇護所帶回來的狗)，在執行這個指令方面，可能有點困難。因此，多花點時間，離狗狗近一點，進行這項練習。

現在，你的狗已經學會「坐下」和「等著」，下一個最重要的基本訓練，是確定他會在你叫喚的時候，「來」到你身邊(也稱「召回」)。這在很多情況下需要用到，所以一定要讓你的狗狗學會。如此一來，當他脫離牽繩時，若遇到危險，他就可以安全地回到你身邊。

我是黑色拉布拉多幼犬

當你擁有狗狗後，你會叫喚他的名字，所以他應該知道那個名字字眼，指的是他。因此，在「來」這個練習中，請記得要叫喚狗狗的名字。

呼喚名字+下達指令

用一條長型訓練牽繩牽著你的狗狗，告訴他坐下來、並且等著，然後走到離他大約3公尺(10英尺)遠的地方。轉過身來面對狗狗，讓他看見你手上的食物獎品，用一種鼓勵的音調，呼喚他的名字，接著說出指令「來」。有些人，喜歡把手靠近地面供出獎品，然後另一隻手做出要狗狗過來的動作；有些人喜歡張開雙手，做出歡迎動作，當做信號，甚至蹲下來加強動作。不管你喜歡怎麼做，無論如何，固定做同一種動作，才不會讓狗狗混淆。重複和狗狗進行個幾次。

抵達後，讓他坐下

如果你是蹲著進行訓練，當狗狗抵達時，你可以進行「坐下」這個口令。如果你是站著呼叫狗狗「來」，然後握著食物獎勵的那隻手，靠在腰部的高度處，狗狗抵達時，自然就會坐下。狗狗來到你身邊後，順從地坐下，他會覺得比較有安全感。

記得用鼓勵性聲調

當你準備從狗狗身上取下牽繩時，一定要持續叫他的名字。剛開始進行這項訓練時，建議在不會分散他注意力的室內進行。和進行其他基本訓練一樣，當狗狗表現得比較穩定以後，你可以開始減少食物獎品，改用多多讚美取代。叫狗狗「來」，注意要使用鼓勵性的聲調，相信這個練習對你和狗狗來說，應該會是最有趣的一項訓練。

如果你要使用響板法(請參考方法87)來訓練狗狗，請站著，手中握住食物獎品，然後手心朝下，叫狗狗的名字。當他開始向你移動，按下響板、給他獎品。重複幾次。然後再站得遠一點，等個幾分鐘不要說話，接著叫喚狗狗的名字，然後說出指令「來」。

基本訓練:「趴下」

對狗狗來說,趴著比坐著更輕鬆,所以若狗狗需要待在你身邊比較久,維持趴臥姿勢對狗狗來說會比較舒適。先在家裡練習這個動作,然後再到別的地方練習。

手拿食物,離地30公分半蹲

先讓狗狗在你的左側坐下。然後,你把右手手心朝下,左手拿著獎勵用的小點心,雙手一起在狗狗的面前向下移動,並彎曲你的膝蓋和背,直到右手離地約30公分處停止(如果你有頸部、背部、或膝蓋疼痛問題,可直接採取跪姿開始這個動作)。

在狗狗隨著你的手部動作趴下時,說出「趴下」這個指令。狗狗完成趴下這個動作後,給他小點心做為獎勵,加深他的印象。等他漸漸習慣這個指令,再讓他從站著的姿勢,開始重複練習這個動作。

敏感的狗狗

某些狗狗,可能覺得趴下這個姿勢,會讓他們暴露出自己的弱點,但是,馬上給他們獎勵,就可以讓他們放心喔!千萬不要嘗試用手去壓狗狗,強迫他們趴下,因為他們也是有自尊心的,這樣會使他們不舒服。

響板法:獎勵點心直接放地上

如果你要使用響板(請參考方法87)訓練狗狗「趴下」,請一樣用右手拿著獎勵小點心,並且在狗狗的面前向下移動。當他完全趴下時,按下響板,並且把小點心放在他的兩個前掌之間。之所以要把小點心放在地上,是為了不要讓狗狗跟著你的手站起來。重複練習幾次這樣的練習後,就可以在他趴下時,說出「趴下」這個指令,多重複練習幾次。

基本訓練：「跟著走」

對一隻有安全感的狗狗而言，學會散步的規矩，是很重要的一環。雖然在還沒完成全部學習課程(約12週)前，狗狗不應該出門，但你可以用牽繩帶著他散步呀！你可以鼓勵狗狗，在家裡和你進行「跟著走」的練習，等他習慣後，再到院子裡練習。

「跟著走」散步練習，任何時機都行

進行「跟著走」這個重要訓練，時機點沒有好或壞之分。某些訓練師認為，在狗狗學會坐下後，再開始練習比較好；某些則認為，在學會坐下前就學比較好。另一些訓練師則覺得，開始訓練的時候不要使用牽繩效果會更好，某些則覺得在訓練最初就要使用牽繩。

不管如何，訓練時，都得先在室內進行學習，獎勵的方法也都是用小點心。利用小點心加以獎勵的教學方式，非常有效，但重點是，你在準備開始散步時，就要說出「走」這個口令，接著說出「跟著走」這個口令(可以在狗狗面前，以手勢加強這個口令的效果)。

握著食物獎勵的手，放腰際

在家裡或院子裡練習時，可以使用軟質項圈，然後用牽繩輕輕牽著他在家裡走一走，讓他習慣戴著項圈的感覺。當狗狗完全適應項圈後，可以開始練習，讓他「跟著你走」。記得，請用右手握牽繩，讓狗狗走在左側，繩子應該要能鬆鬆地繞過你的前方，讓你牽著走在左側的狗狗才行。剛開始進行時，讓狗狗坐下，轉身面對他，讓他知道你的左手握著小點心，然後站在他的右邊，並把你的左手維持在腰部附近的位置。

當你向前跨出左腳時，清楚說出「走」這個指令，小狗狗自然會跟著你的腳步。注意，你那隻握著獎勵食物的左手，一定要維持在腰際位置，這能分散狗狗出於本能、想超前你的慾望。某些訓練師，喜歡在行走間拉緊項圈，並說「跟著走」，讓狗狗專心跟著；其他訓練師，則喜歡在整個過程中，都利用小獎勵來控制練習。如果你要轉彎，請將拿著小點心的左手，移往要走的方向，狗狗就會跟著；當然，先說「轉彎」，向狗狗預告你要轉彎，也很有用。

握住牽繩

訓練小狗

記住，訓練小狗狗時，一次只能進行一小段時間，不要花太長的時間練習，因為小狗狗很容易疲累。而且，無論如何都不要對小狗狗吼叫，給他獎勵和鼓勵，就可以收到很好的效果喔！如果狗狗覺得無聊，就先別急著進行訓練。小狗狗若覺得累或無聊，可能會撲通一聲就趴下，如此一來，你剛剛的練習可是一點效果都沒有呢！

養狗會遇到的麻煩事

避免狗狗的行為問題

狗狗的主人，就像狗狗的爸爸媽媽一樣，有責任讓狗狗受到適當的教育和訓練。一定要安排一個適當的計畫，並完整執行，否則一切都會亂七八糟！飼主對待狗狗，應該像對家裡其他人一樣，一定要負起責任。

我是騎士查理王獵犬

很多狗狗之所以產生行為問題，都是因為主人行為不當而引起，因為主人不懂得從狗狗的觀點去了解他們。基本上，狗狗大部分的「壞行為」，是我們以人類觀點去判斷，但那其實是很正常的犬科行為。我們所謂的「破壞性行為」，對狗狗而言只是標準行為。因為從狗狗的觀點來看，如果他可以嚼骨頭和玩具，為什麼不能啃家裡其他的東西？所以說，狗狗的壞行為，是人類出於自己的判斷。

強勢與攻擊

小孩之所以常被狗咬，原因是主人讓一群愛鬧的小孩，單獨和狗狗待在一起。家中具較高地位的大人一離開，狗狗可能不覺得他在家中這個「團體」的地位，比小孩低，而且他也可能因為和小孩玩搶球遊戲，被激起競爭心，於是咬了小孩。

主人帶狗狗來到非家中狗狗領地的所在散步時（例如：公園），比較可能因而發生打鬥的，都是同性別、同體型的狗狗。此時，主人的反應是很重要的，如果拉緊狗狗的牽繩，可能會更增狗狗攻擊對方、發生打鬥的可能性。

別以為小狗沒有攻擊性！

其實，狗狗之所以會發生不當行為，通常是因為主人無法處理狗狗的強勢問題。小型狗的主人，常常認為他們的狗不需要訓練：「因為他們不可能造成任何傷害」。攻擊性強的小型狗，不小於大型狗可能對家庭造成的傷害，而且當其中一個家人堅持把狗狗當成「我的寶貝」，接著就會理所當然寵壞他，滿足狗狗所有無理要求。咬人、且攻擊性強的狗，不論體型大或小，都可能造成危險：在大部分已開發國家，法律都規定，這樣的狗狗必須處以安樂死。

家庭生活一團亂

有行為問題的狗狗，通常並非完全沒受過「訓練」：反而都受過訓練，但都是以錯誤的方式。當我們知道狗狗有一個壞習慣，或是有一大堆壞行為，我們應該先反省自己，因為可能是我們縱容狗狗而先引起問題，或是把問題變得更糟。

很多人完全誤會了他們和狗狗的關係。在現代家庭中，家庭關係混亂，家庭生活可能會因狗狗可怕的行為或攻擊性，而變得更糟。大家庭中，每個成員對管教狗狗都有不同意見時，彼此可能會更常發生爭執，例如，有人在吃飯時，把自己餐盤裡的食物，餵給一直乞食的狗狗吃等情況。

沒人比訪客更了解問題狗狗！

主人們可能不了解問題的嚴重性，但是來家裡作客的客人知道。當他們一抵達時，先是主人詢問：「你應該喜歡狗，是吧？」接著，可能有隻大狗衝過來把他們撞到一邊，或撲向人差點跌倒，讓訪客完全失去安全感；之後，同一隻狗還可能試著抱住訪客的腿，要和腿交配。或是，訪客即使安全進了門，也不太敢坐下，因為有隻小型狗就坐在主人身邊，大聲對人吠叫；不過，狗狗之所以吠叫，也可能因為訪客坐在某個特定位置上，而那是狗狗的最愛！

生活實在不必造成這樣。一個居家環境，若沒好好考慮人狗共處的生活所需，不僅狗狗無法住得很舒適，人也一樣。記住，數世紀以來，只有玩具犬一直被當作寵物陪伴人類，工作犬並不完全適合家庭生活，若真的要飼養，你就必須以適當方式，和狗狗溝通。

我是獒師犬

主人的角色

寵物行為學家羅吉·莫弗(Roger Mugford)認為,愛責罵的主人,可能會讓狗狗覺得「犯錯、而且挫敗」。他是對的,狗狗產生行為問題的原因,至少包括:性別(公狗較有表現強勢問題)、品種、血統、狗的來源;還有最重要的,狗狗在幼犬時期,有沒有經過適當社會化。此外,狗狗的行為問題,還有很多獸醫學方面的原因。即使我們並未因縱容狗狗而引起問題,但卻可協助改善問題。

狗狗能變得更好,關鍵在飼主

我們應該要理解,狗狗,其實一直都在和我們溝通。如果狗狗因為接收錯誤訊息而養成壞習慣、或讓習慣變得更糟,我們經由改變自己,也可能改變狗狗。這不僅有益於我們的家庭關係,也增加了狗狗繼續生存下來、不被安樂死的機會。不幸的是,很多狗主人顯然認為他們的狗狗「就是那樣」,而不相信自己有能力改變情況。

飼主,是真正能夠改變狗狗生活的人。我真心希望,你能藉著本書,找出改善狗狗行為問題的方法。我們要永遠記得,大部分的狗,都和他們的主人過著快樂的生活,一點問題也沒有。在這個章節,你可以找到許多與狗狗特殊問題相關的資訊,而且大多提出了解決之道。有一就有二,狗的行為問題可能不只一項,因此降低行為問題的基本原則是:
1.當一個有愛心、立場堅定的領導者。
2.讓你的狗狗做適量運動,發洩精力。
3.和狗狗進行練習「坐下」「等著」「來」「趴下」等基本訓練。
例如,方法66裡頭的解決之道,不僅適用於攻擊問題,還可改善人狗之間的關係。

我是拳師犬

NO PARKING BEYOND THIS POINT

我是沙皮狗

尋求專業協助

如果你沒辦法靠自己解決問題,參加狗狗訓練課程,會對你有很大的幫助,或是你可以找專業的狗行為專家討論。在英國,可以找英國專業狗訓練師學會、寵物行為顧問協會、或犬科與貓科行為協會等組織。在美國,則有寵物訓練狗師協會、動物行為顧問國際協會、或其他組織可以給你建議。

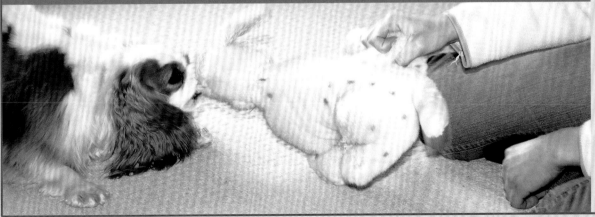

59 拉扯牽繩

狗狗會拉扯牽繩,這是最常見的問題之一,代表他缺乏基本的控制。如果你養的成犬會拉扯,不要絕望,因為你並不孤獨。出去散個步,你將會看到路上至少有1/3戴著牽繩的狗,拖著主人走。

回歸基本訓練:「跟著走」

拉扯牽繩,通常表示你的狗狗個性強勢,雖然這也可能是因為運動不足、過度監禁而引起,所以只要一出門,就會很高興,想要全速向前衝。一隻在散步時拼命拉扯的狗,會讓主人感到很不高興,如果主人有頸背方面毛病,他們可能會任由狗狗這麼做,或是儘量少帶狗狗出門散步。

發生這種情況,就必須回到基本訓練階段,讓狗狗知道你才是真正的領導者。請特別重複「跟著走」的練習(請參考方法58),用訓練幼犬的方法,訓練你的成犬散步。想阻止一隻成犬拉扯,最有效的方法就是突然轉向,往反方向走。如果你的狗開始跟上你,就稱讚他;如果他又開始拉扯,就不斷重複再重複這麼做。幾分鐘內,狗狗就會了解,散步方向是由你來決定,他必須跟著你的腳步走。

不要和狗狗來硬的

當狗狗出現拉扯牽繩的行為,你最不該做的事就是「掙扎」,別試著抵抗你的狗,別讓他的氣管被勒住、發出半掙扎的聲音,這會讓一隻強勢的狗更認定自己才是領導者。同樣地,當你的狗狗看到另一隻狗時,你若立刻將他往後拉,他會覺得一場打鬥馬上就要開始了;散步時,你將他往後拉,會讓他更想往前拉扯,這會引發問題或惡化問題。

「在人行道上被狗狗拖著走」這件事,許多飼主可能已經忍受多年。主人常常覺得很驚訝,當專業的狗狗訓練師接手訓練他們的狗時,竟能在幾分鐘內讓狗狗變得乖順跟著走。所以,不是所有的訓練和行為矯正,都要花很多的時間,很多都是短時間內就能達成唷!

當你開始讓狗狗認識他身上最重要的配備「牽繩」時,他可能會覺得牽繩是個很棒的玩具,於是咬住牽繩搖來搖去、啃它、或是開始一場拉扯大戰。剛開始可能很好玩,但你若准許狗狗一直這樣下去,可能會讓所有訓練計畫無法執行。

主人的領導者地位,被搶走了!

粗繩製的牽繩,透露了一個清楚信號,那就是:狗主人覺得他需要一個堅固的牽繩,才能對抗狗狗的拉扯,甚至要夠粗才不會被狗狗咬斷。這也等於說明,主人正式放棄控制他的狗,因為他讓牽繩變成狗狗拉扯大戰的玩具,而狗狗也因此贏得較高地位。

牽繩,這個特殊設計的「拉扯玩具」,不應用在強勢的狗身上,如此一來,主人可能會「輸掉」領導者的地位。牽繩不該被這樣使用,一隻經常抓、拖、咬他身上牽繩的狗,一定會拉扯牽繩,不太可能好好散步。其實,控制牽繩這個動作,對你和家人而言,寓有著階級概念:主人應該教導狗狗,使用牽繩的正確規矩和行為,這樣才能因應人狗家庭生活的基本需要。

的確,有某些品種比較容易拖咬牽繩。在美國,一個由史考特(Scott)與福勒(Fuller)所做的研究中,發現巴辛吉最容易拖咬牽繩,剛毛獵狐梗、可卡獵犬則最容易接受牽繩(如何使用牽繩,請參考方法52)。

我是萬能梗／亞爾沙斯狗

解決之道

- **辣味噴霧伺候**

  在牽繩上噴灑專用的辣味噴霧,這可在獸醫院或某些寵物店買到。

- **回頭練習:「坐下」**

  回頭練習基本訓練口令的「坐下」(請參考方法54),並讓狗狗戴著牽繩散步(請參考方法58)。甚至可能要先從室內練習開始,減少外界讓狗狗分心的事物。

- **練習散步**

  如果狗狗咬牽繩,你要堅定地說「不行」,然後指示他「坐下」。讓狗狗安靜坐下30秒,必要的話可以更久,然後給他一個食物獎品。接著,開始讓狗狗戴上牽繩跟著走:當你開始向前走,狗狗也會開始向前走。稱讚他表現良好,同時拿一個玩具或食物獎品在手上,讓他分心,不去咬牽繩。

- **做運動:「啣回東西」**

  做「啣回東西」的運動,重複這個訓練,讓狗狗知道你在做主。當狗狗撿起東西的時候,喚他「來」;他回來後,再說「給我」這個指令;等他把東西給你,就給他食物獎品。

- **使用頭套**

  初次訓練、或再訓練時,你都可以使用頭套做為工具。頭套不是一個口套,如此一來,你只要輕輕拉一下牽繩,就能讓狗狗的嘴巴閉起來、頭向下低。

- **你才是主人**

  確認,你是否傳達了被動強勢信號給狗狗?這樣是不對的,請讓他了解你才是做主的人。做為「狗狗團體」的領導者,應該先走出門的是你,不是他;同樣地,先上樓的也應該是你;還有,狗狗不能睡在你的床上,或爬上你的家具,諸如此類。確認,你的狗狗了解、並尊重這些信號。

和狗媽媽一樣

狗狗對牽繩會有什麼反應,很大因素來自基因遺傳。一個美國的研究顯示,混種第一代的小狗,對牽繩的反應和狗媽媽相似。

61

散步結束，怎麼叫都不肯回來

離開公園前，你得讓狗狗再戴上牽繩。你叫他，但是他拒絕回來。你覺得自己很蠢，惱怒在你的聲音裡表露無遺，你開始試想要抓住狗狗，他卻跑得更遠……當你終於抓住他，你的不滿會讓你忍不住罵他，這是典型的錯誤示範哪！

當你呼喚狗狗、同時朝回家的方向移動，而且這是你帶他出門之後，唯一叫喚他的時刻……如果，你以為狗狗不知道這代表他的自由時間結束了，你可就太低估他囉！如果，以上是你每次帶狗狗散步必經歷的事，你就需要做一些練習訓練，呼喚你的狗狗回來。

不要罵他、不要馬上戴牽繩

在他回到你身邊時，試著先不要馬上幫他戴回牽繩。最重要的是，他回來時、或你幫他戴上牽繩時，都不要罵他，這會讓狗狗在心中產生不好的連結，會讓他不想回來。

也不要嘗試追逐你的狗，他會因此變本加厲四處亂跑，認為這是一個比賽。但其實，我們常常看到主人追著狗狗跑，試著抓到他們，簡直像散步必經過程。事實上，這些主人等於建立了一種很不好的訓練模式，加強了狗狗拒絕回來的行為。如果，狗狗不確定你是否是團體的領導者，你的這種行為，只會讓他更不確定、更困惑。如果你的狗是隻強勢的公狗，那他可能會更無法專心受訓；所以，確立你的領導者角色，是最重要的。記住，狗是團體動物：如果你走開，他會想跟著你。

和他玩一下，稱讚他

如果你在袋子裡裝著狗狗最喜歡的玩具之一，像是一個特別的狗狗磁鐵，你可以和他玩一下這個玩具。記得，不要把玩具當誘餌，然後馬上就把牽繩猛套到狗狗身上，你應該真心花一些時間和他玩，然後在他聽從你的口令「坐下」時加以稱讚，接著才戴上牽繩。當你叫喚狗狗過來，讓他得到獎勵而不是「處罰」時，他才會想要聽話。

狗狗之所以怎麼叫也不肯回來，通常是因為你的行為發出了錯誤信號，而不是他的行為有什麼問題。這也說明，你真的應該要花些時間做基本訓練(請參考方法49)，特別是在室內和戶外進行「來」的練習(請參考方法56)。如果你使用的是伸縮牽繩，可讓狗狗在練習時不會跑太遠，絕對不要讓練習變成拉扯戰、或是把狗拖向你，你只要快速制止他的動作就可以了。

我是庇里牛斯山犬/聖伯納

亢奮的狗狗

狗狗跑得愈遠，你要叫得愈清楚，動作要愈大。聲調高一點，重複叫，或是使用口哨，同時叫他的名字，加上「來」或「這裡」的口令，聽起來會比較有鼓勵的感覺。

你試著走開可能也會有效，所以可以試著在四周跑、搖擺你的手、然後倒下、繼續搖手，哪隻狗狗抵抗得了好奇心？他一定會想知道你究竟在做什麼。當他開始進步，你的動作就可以不用那麼誇張。

打開家門,看到狗狗把房間搞得一團亂、或把院子草地弄得滿目瘡痍,一定很令人生氣,但狗狗會這樣主要是因為「分離焦慮」與「無聊」。試著了解你的狗狗獨自在家時會不會焦慮,其中一個判斷線索是,他不會只出現一種行為問題,例如他也會故意在花園亂挖洞。

我是灰狼

什麼東西都可能被咬

狗狗破壞東西,可能是因為焦慮或無聊,但這也是因為你讓狗狗覺得,他什麼都可以咬。你對狗狗仁慈,會造成他的錯誤觀念。很多主人會買很多玩具給狗狗,但一次最多3個玩具就夠了。

就像在花園挖洞一樣,狗狗會咬皮沙發的扶手,可能也是因為「分離焦慮」、「無聊」。把運動量不足的狗狗獨自留在家裡,他可能就會開始破壞:1994年的一個研究發現,幼犬時期獨自被留在家中很久的狗狗,長大後容易產生破壞行為。

增加運動量和服從訓練

狗狗挖洞、埋吃剩的骨頭是一回事,但因為無聊、挫折感而反覆挖洞,可是會毀了一個花園。主要原因可能是「分離焦慮」,離開動物收容所被收養的狗狗,比較容易缺乏安全感,若獨自在家就可能會挖洞。

適當的增加運動量、增加服從訓練,讓狗狗感到多多被關心、並同時強調你的領導者角色,也可以讓狗狗知道是你在做主,以增加他的安全感。

解決之道

● **設置沙坑專區**
在花園設置一個沙坑專區,讓狗狗挖洞,釋放焦慮、玩耍。剛開始時,為了讓狗狗固定在這個地方挖挖挖,你可以在裡面放骨頭當獎勵。當狗狗對這個「挖掘位置」愈來愈熟悉時,你可把骨頭埋深一點。

● **把便便埋在舊洞**
當你不在家時,為了不讓狗狗在他先前亂挖的舊洞再挖洞,可將那個地方隔起一段時間。為了減少狗狗回去挖舊洞的可能性,帶狗狗去散步、排泄時,可把帶回家的「便便袋」,放在舊洞的底部,然後埋起來。狗狗就不會去挖了。

● **院子要陰涼、有水**
在熱帶地區,狗狗挖洞很可能是希望有個涼爽的遮蔽處。為了解決這個問題,要確保院子裡有很多陰涼的地方、足夠的飲水。

● **改成早上餵食**
狗狗吃飽飯後比較不會想挖洞,所以可把餵食時間從晚上調整到早上,這可能會有效。

我們是黃金獵犬

獨自留在家、沒有安全感的狗狗，可能會用吠叫、嗥叫來獲得注意。這種缺乏安全感的狗狗，通常是因為他在小時候沒受過適當訓練。吠叫可能會對鄰居造成困擾，對狗狗來說也不是很愉快，試著別經常長時間留狗狗獨自在家。

把家裡弄得一團亂，別處罰

狗狗的分離焦慮症，不僅會對鄰居造成困擾，如果演變成破壞行為，主人的生活就會像掉進地獄，像是回家時發現：被啃爛的皮沙發發扶手，或是垃圾堆般的房間。這實在很容易讓人升起一肚子火，接著處罰狗狗，但卻不會有任何助益，為什麼呢？因為一團亂已經造成了，再加上真正的原因其實是：狗狗覺得很痛苦，才會引起這樣的問題，所以一定解決狗狗的痛苦才行。

狗狗的許多行為問題都與壓力有關，「分離焦慮」會漸成一種習慣。主人要把握的原則是，離開家裡時，不能太戲劇化。太多人出門時通常很趕，所以家裡氣氛會變得很緊張。試想，狗狗隨著這個氣氛也變得緊張，最後，他的情緒會高漲成與你戲劇性的分離。在我們可以控制狗狗前，應該要先控制自己。平靜的分離，比較不會對狗狗造成很大壓力。

出門時，讓場面輕鬆自在

如果你和家庭成員，早晨外出時，能讓家中氣氛變得平靜自然，就能減少分離對狗狗的重要性，讓他轉移重心，去做別的事情。訓練的作法是，讓狗狗看到你出門，然後1分鐘左右就回來。重複許多次，慢慢增加你「不在」的時間。你回來時，不要太熱情興奮地和狗狗打招呼，而要忽略他，讓他坐下一陣子後，再對他來個比較低調的歡迎。這樣就可以分散狗狗的壓力，讓你的來去比較不那麼重要，因此進家門時，真的別對狗狗表現得太激情難捨。

解決之道

● 有主人味道的物件

給狗狗一個玩具，而且是你用手揉過、有你的味道的，這樣能讓他安心。放一件有你的味道的布、或衣服，在狗狗的床上，讓狗狗接觸時能感到安心。

● 給他一根骨頭

出門前，給狗狗一根骨頭，分散他的注意力。某些狗狗喜歡玩具裡頭的有趣食物，這也可短暫分散他們的注意力。

● 避免離別場面

在調整狗狗「分離焦慮症」的時期，不要讓他待在你放外套的地方，或讓他看到任何你要離家的跡象。不要和狗狗有「離別場面」，請在他看不到的地方準備出門，然後馬上安靜地離開。狗狗變得焦慮的尖峰時間，大約是在主人出門1.5小時後，這個時期最重要，能使狗狗慢慢習慣你的離

我是德國牧羊犬

狗狗的吠叫方式不只一種，問題吠叫，通常會與其他行為問題一起發生。如果某人偷偷摸摸經過你家，狗狗變成看家狗加以吠叫，你當然會很開心；但是，如果那個人只是走過人行道，狗狗一直吠叫，就會滿令人惱怒的。

愛叫的狗狗，也容易咬小孩

通常，狗狗在家裡過度吠叫(當他並不是做看家狗的工作時)，是與他活潑、容易興奮、苛求等個性有關，這種狗狗也很容易咬小孩。迷你雪納瑞就有這種狀況，雖然他們是一個很愛玩的品種，但也很容易對主人表現強勢。相較之下，黃金獵犬即使是在家裡幫忙看家，也不太容易過度吠叫，而且很重要的是，這個品種不會對主人表現強勢。

面對狗狗過度吠叫問題，請確認你在狗狗眼裡，有沒有威嚴：如果狗狗會咬你、對你吠叫，甚至不讓你坐在沙發上，你絕對有領導地位不保問題！

我是混種犬

我是德國牧羊犬

解決之道

● 讓他坐下、回窩

確定你的狗狗究竟為何警戒吠叫，並讓他知道：他的工作已完成，現在換你接手，並指示狗狗在你身邊坐下。如果你的狗狗是容易興奮的品種，接著，請指示他回到窩裡，並記得稱讚他。這可以讓他分心，不再那麼一直想對某人事物吠叫。

● 忽略他的吠叫

如果狗狗吠叫，只是為了要得到注意，在他停止吠叫前，請把臉轉向一旁不要看他。當他停止吠叫一陣子後，再給他獎勵。一個其他聲音或物件的介入，也可能會使他分心，不再吠叫。

● 主人不要大叫

不要對你的狗大叫(尤其如果你的狗是梗犬)，他會認為：你是在加入他。

聽指令吠叫

想讓你的狗狗保持冷靜，並且確認你在他心中的領導者地位，最好的方法之一就是：利用有效的方法，訓練他依你的口令吠叫。當你的狗狗吠叫時，說口令「叫」，然後在他的頭旁邊張張合你的手，就像狗狗張開嘴一樣，再用食物獎品加強他對口令的印象。試著預測他吠叫的時機，然後重複上述步驟。用同樣的方法，訓練他停止吠叫。

為了主人、家人、其他人的安全，而且為了遵守法律(狗狗若有攻擊問題，需處以安樂死)，控制狗狗的攻擊行為，是很重要的。

當你移動狗狗的玩具、食物，或把他從椅子上移開時，占有慾強、且強勢的狗狗會對你嚎叫，這類情況就會導致狗狗攻擊主人。你一定要讓狗狗很清楚，你才是團體的領導者，他不是。有很多方式可以讓你強調你的地位，像是經常練習基本訓練就可以(請參考方法49)。

反擊一隻非常具攻擊性的狗，通常不是個好方法：首先，他可能是因為害怕而攻擊你(請參考方法68)；第二，他也可能是因為占有慾強而攻擊(請參考方法73)；第三，如果他對你非常強勢，他可能會咬你。

解決之道

● 進行「跟著走」訓練(請參考方法58)

以下這件事事非常重要的：「狗狗受過訓練後，能適當地跟著你走，而不會拉扯牽繩」。記住，他會拉扯牽繩，是因為他覺得自己的地位比較高。並適當地控制你的狗，準備出門散步時，不要讓他搶在你之前衝出門。

● 梳理狗狗

經常梳理狗狗，可強化你的領導者地位。

● 叫他趴下

狗狗出現攻擊動作時，叫他趴下。這樣可讓他的位置變得比較低，等於處在一種地位較低的姿勢。

● 提起前腳

對體型適中的狗，提起他的前腳離地，讓牠失去自主權(這與長期梳理狗狗，有相同效果)。

轉身、不要理他

轉過身去、不要理你的狗狗，先讓情況穩定下來，再按照本文提供的「解決之道」，有系統地解決狗狗的強勢行為。如果狗狗對你有攻擊性，對其他人也會有危險，你便應該使用方法66的「解決之道」加以對應。如果你還有其他疑慮，請尋求狗訓練師、寵物行為學家、或獸醫師的專業協助；當然不是所有問題都能安全解決，但絕大部分都能。

受到攻擊，主人不能後退

非常強勢的狗，通常都不溫柔親切，而且長大成犬會變得更難控制。大部分的咬人事件，都發生在主人試著處罰這樣的狗狗時。當狗狗認為他的地位受到威脅，所以會反擊；如果主人後退，狗狗會更加認定自己才是領導者，所以要盡量避免這種情況。

不要理狗狗，暫時收回你對他的愛，同時照著本文提供的「解決之道」去做，通常可讓狗狗進步，而且了解到：他如果聽從你的指令，就會得到獎勵；如此一來，你便能提高自己身為領導者的地位。在家裡，用項圈、1條1.2公尺長的牽繩，來制止狗狗具攻擊性的強勢行為，並在他聽從你的時候，給予他獎勵。

我是德國牧羊犬

如果你的狗狗在小時候不曾和人相處,他自然會想反抗陌生人,保護他的「團體」和領地,這是一隻群體動物很自然的反應。但是,如果你想在家裡招待客人、或收到郵差送來的信,你就必須克服這個問題了。

訓練方法:設計「訪客來訪」場面

在可控制的情況下,設計一場「拜訪」。讓狗狗戴上牽繩後,看到家裡沙發上有個「訪客」坐著,拿著一個玩具、或訓練用的食物獎品。請這名訪客不要露出任何害怕的感覺,開始時應該要忽略狗狗,而且與你用一種放鬆的語氣談話,不要看狗狗。如果這名訪客在你家

待上幾天,狗狗就會開始習慣「陌生人」,但是請讓訪客了解,他正在協助訓練狗狗。這訓練需要經常重複練習,不然,你就要準備過乏人問候的修道院式生活了!

如果你的狗狗攻擊性真的非常強,請好好評估情況,並決定你是否需要訓練師、或行為學家的專業協助。如果是公狗,幫他結紮可能會有幫助。此外,提醒你,60%~85%的狗咬人事件,是在家裡發生的,被咬的可能是家人、朋友、鄰居。

解決之道

● 人先用餐
家裡每個人都應該在狗狗吃飯前,先用餐。

● 不能吃餐桌食物
不要把餐桌上的食物,拿到桌子下給狗狗吃,或是直接從餐盤裡拿食物給狗狗吃。訓練狗狗,只有在你准許的時候,才能吃東西。

● 進行「跟著走」訓練(請參考方法58)
訓練你的狗,讓他能適當地跟著你走,依你的口令坐下,聽從基本口令。常常帶狗狗出去散步。出門時,狗狗應該是最後一個出家門那位,不是第一個。

● 停止互動
不要讓狗狗為了吸引注意,而威嚇任何人。如果他進行威嚇,家裡每個人或訪客務必知道該怎麼制止這種行為:在狗狗停止前,不要和他互動,然後讓他坐下,再獎勵他乖乖坐下的好行為。

● 禁止上床
不要讓狗狗跳上床、或沙發。

● 每天梳理
每天梳理可能有強勢傾向的狗。

● 不玩拉扯遊戲
不要和強勢的狗,玩拉扯玩具的遊戲。

● 不讓小孩與狗獨處
不要讓小孩,獨自與攻擊性強的強勢狗狗在一起。

狗狗與信件

別讓他嚇郵差、咬信件
狗狗不應威嚇送信的人,如果有這方面危險,主人就不該讓狗狗待在前院或花園,或把信箱設在狗狗的活動區域內。
如果你的信件會從門上的信箱掉出來,而被狗狗毀掉,可在信箱下面設一個籃網,讓狗狗碰不到信件。如果「罪犯」是一隻小型狗,信件送到時他若會把信挖出來,那代表他有太容易興奮、常常亂吠叫的問題。

讓他分心、不注意信件
設計情境,讓朋友遞假信件,改掉狗狗這個壞習慣。在信件從信箱掉出來時,讓狗狗分心,最好的方法是用聲音。或是讓狗狗在距離門稍遠的地方坐下、不讓他靠近信箱,然後給他食品獎勵,再一直重複讓信件掉下來,獎勵狗狗的動作;若你的狗狗待著不動,也獎勵他。確定狗狗很冷靜、不再那麼敏感後,他就會慢慢忽略信件。

我是拳師狗

我是史丹福郡鬥牛犬

67 攻擊其他狗

當你帶一隻強勢的狗狗，或小時候沒和狗同伴相處過的狗狗去散步，每隻在路上出現的狗，恐怕都會使你緊張。你的狗，可能會兇巴巴地對其他狗吠叫，甚至攻擊他們。

拉緊牽繩，等於鼓勵戰鬥

可別因為狗狗對其他狗吠叫，就緊張地拉緊狗狗的牽繩：向後拉，會增加狗狗的攻擊性，而且這簡直就是鬥犬的主人，放狗去打鬥的前置動作。此外，拉緊牽繩不只對這次的狗狗們會面有影響，在不同情況下這樣拉緊牽繩，你等於是在訓練你的狗：拉緊牽繩時，就是向其他狗挑戰的時刻。甚至，狗狗可能會把「戴上牽繩出門散步」，想成是「準備出門戰鬥」。

用頭套、玩具，讓他分心

一定要了解狗狗的身體語言，這樣一來，當另一隻狗出現在你們面前時，你才能藉著觀察你家狗狗的耳朵、尾巴，預測他的行為。如果狗狗身體僵硬地瞪著另一隻狗，代表這注意力已經讓他的腎上腺素上升了。如果狗狗的頭轉向、眼神接觸中斷，情勢就會緩解。要讓狗狗的頭往旁邊轉，頭套會很好用；此外，你也可以用狗狗最喜歡的玩具，讓他分心。

一旦你獲得狗狗的注意力，就命令他坐下，然後給他獎勵。「坐下」這個口令的價值在於，可以讓狗狗回到他所熟悉的、你是主人而所有事情都很安全的世界。

解決之道

在公園裡，和狗狗重複練習基本訓練，用長牽繩維持他的注意力，特別要練習「來」這個口令。然後，讓一個朋友牽著另一隻狗遠遠地朝你們走來。保持輕鬆、控制情況，在狗狗感到警戒前，用左手的食物獎品或玩具，維持他的注意力，你也可以使用頭套讓他轉向。當他忽略其他狗狗時，獎勵他。重複練習幾次這個訓練。慢慢地，縮短其他狗與你們的距離，直到其他狗狗經過你們身旁，你家狗狗完全不再大驚小怪為止。

我是邊境牧羊犬

我是混種犬

戴上口鼻套

大多數的主人，不喜歡幫狗狗戴口鼻套，因為這似乎表示他們無法控制自己的狗狗，而且好像在說：「我養了一隻危險的狗」。無論如何，大多數人看到戴了口鼻套的狗狗，雖然知道很安全、不會有什麼危險，但還是會讓自己的狗狗保持距離，以減少對峙情況！當你在訓練狗狗時，口鼻套也可避免你的狗狗被咬。

我是派特戴爾梗

我是威瑪獵犬

狗狗害怕、患恐懼症,是很常見的問題。如果狗狗在長大過程中,沒經過適當的社會化訓練,也就是沒和其他狗、人、或奇怪的東西相處過,長大成犬的他們會因而感到害怕,是很自然正常的。當然,要訓練這樣的成犬,不再對其他人、狗、或東西那麼緊張,而要使他們放輕鬆、感到高興,自然得多花些心力。

小型犬容易緊張害怕

某些品種,從血統遺傳上來看,本來就比較容易感到害怕或恐懼,尤其是某些小型品種特別容易緊張,而柯利牧羊犬則遺傳了害怕噪音的個性。

當狗狗在8～10週齡時,繁殖者及新主人要特別注意,狗狗正處在社會化的敏感時期,對於使他們受驚嚇的人事物,反應特別大,因而可能產生恐懼症。這時期若有不好的經驗發生,狗狗在日後會顯得更小心翼翼而敏感。

恐懼的人事物＋獎勵＝成功克服

和總是擔心害怕的成犬一起住,人們會感覺到狗狗需要安撫、給予支持,當然首先要做到:別去嚇狗狗。不要處罰一隻總是感到害怕的狗狗,這會增加他的恐懼心理。狗狗可能會發出複雜的訊息,表現他內心的感覺:他可能會加速奔跑,想跑來靠近你,但你一伸手想摸他,他又害羞地跑掉。

訓練患有恐懼症的成犬,最能使他安心的方法是:讓他慢慢習慣(也稱「薰陶訓練」)害怕的人事物,再加上「條件反應訓練」(巴夫洛夫的理論,請參考方法85)一起進行。也就是,逐漸讓狗狗靠近他恐懼的東西,隨著其適應程度調整快慢;條件反應訓練就是,把狗狗恐懼的東西和獎勵聯想在一起,從感覺良好到食物稱讚都行,一旦能成功讓狗狗這麼聯想,問題就解決了!

我是柴犬

物體恐懼症

有些狗狗,會害怕洗衣機、吸塵器、折疊式嬰兒車之類的物件,此時先別過度反應、或一直安撫他,而使恐懼症惡化,你反而應該保持正常的神態動作。

讓這隻害怕奇怪東西的狗狗,戴上牽繩,跟著你出門四處走走。慢慢帶狗狗接近他害怕的東西,但不是直接走向那個東西,而是若無其事地靠近,然後停在中間距離位置,往別的地方張望,然後給狗狗食物獎勵,這招通常很有效,可讓他不再那麼害怕。階段性地進行,幾天後,可再更靠近那個物體。

我是騎士查理王獵犬

噪音恐懼症

對於噪音,飼主本身也不能太神經質地反應太大、或一直安慰狗狗,這樣會讓狗狗以為:你贊同他的恐懼。請假裝什麼事都沒發生。下一次,讓狗狗戴上牽繩和你一起待在房間裡,播放一張錄製了狗狗所害怕聲音的CD,非常安靜地開始播放,然後每天、每週慢慢地愈放愈大聲,你則繼續保持正常神態,並獎勵狗狗愈來愈進步的沉穩好表現,例如用小餅乾、玩具或稱讚。

狗狗之所以害怕任何人或狗靠近他,可能是因幼犬時期沒有好好與人狗接觸,進行社會化的關係;沒有好好社會化,也可能是因為小時候生病,在醫院或家裡受到隔離所造成。這樣的狗狗,既沒辦法快樂生活,對其他人或狗也不安全,甚至到了醫院的診察室,對獸醫來說,也是隻危險動物。

我是騎士查理王獵犬

害怕,所以躲藏、咬牙、咬人

一隻害怕人的狗,遇到害怕的狀況時,會想躲在主人背後、或椅子等東西下面。當他覺得害怕、可是沒有可躲避的地方時,他會縮起尾巴、垂下耳朵,而且可能會露出他的牙齒,以咕嚕、咬牙做威嚇。狗狗也可能會退到身後的牆邊,若覺得別無他法,就只好咬人;在極端的例子裡,他可能會因為害怕,排便或排尿。如果這已經變成狗狗的一種行為模式,那麼只要人類後退或離開,狗狗就會如釋重負,不再那麼害怕。

狗狗有害怕行為時不要拍他或安慰他;這會讓問題惡化。也不要處罰害怕的狗,這會惡化牠的害怕反應。

幫手訓練,避免和狗狗正面相視

可請願意幫忙的朋友或訓練師,讓他與狗狗隔著一段友善、沒威脅性的距離,你則讓戴上牽繩的狗狗聽從口令坐下,並給他一個獎勵。接著,請你的幫手朋友,從後面隔著一段距離,經過你的狗,不要看狗狗,或是和他有任何互動;如果這個動作沒引起狗狗任何反應,再給他獎勵。眼神的接觸,對狗狗而言,是一種威脅,所以要盡量避免;讓幫手朋友的眼神、身體,別和狗狗四目相視。在訓練中,可能要讓你的狗狗戴上口鼻套,保護你的幫手朋友。

當幫手朋友從你後面通過後,在適當的時機,讓他停下來(但不要面對狗狗),蹲下,並伸出手,手掌裡握個食物獎品。讓狗狗走向前,吃那個獎品。重複幾次。幾次後,幫手朋友可以試著轉身面對狗,但還是要避免眼神接觸。幾次後,幫手朋友可以試著站立完成動作,不要蹲下。

若你的狗狗,害怕別的狗,也可用上述同樣的方法控制,幫手則換成一個人牽著一隻狗,剛開始練習的時候隔著一點距離,然後慢慢靠近。

要有耐心

請記住,狗狗對人對狗的害怕,可能是根深蒂固的,尤其是這些害怕所造成的問題。即使你的狗在這些練習中表現良好,但要讓他完全克服問題、表現正常,可能要花好幾個月。所以,慢慢來,不要急著想馬上看到成效。

我是拳師犬

追逐動物、並獵捕動物，是狗狗的祖先生存的方法。追捕食物，是狗狗生存的主要優勢，所以追逐會動的物體或動物的那份衝動，是狗狗天生的本性。

不幸的是，狗狗不僅僅只是追逐動物而已，可能還會逐步擴大成捕殺家畜，例如雞或羊。有項研究指出，59件家畜遭獵殺的案子中，只有34%是由「一隻狗」造成的，因為其他案件都是由「一群狗」犯下，而且超過半數，都是由兩隻狗組成的「團體」。

從小和其他動物相處

如果你的狗狗還是幼犬，請讓他習慣與別種動物相處，這可減少他長大後追逐其他動物的機會，例如，農場的狗並不追逐家畜，因為他們早已習慣其他動物的存在。階段性地，讓狗狗習慣其他動物的存在，用籠子裝著你的狗，增加他的熟悉感，減少他想獵捕的衝動。

重點是，你的狗雖專注在研究或追捕獵物，你要確定自己可以讓他分心、或叫喚他回來。方法是，在一個沒有其他分心事物的地方，讓你的狗狗戴著長牽繩，以維持控制(但是不要一直拉緊)，然後丟一個他會去追的玩具。用一種鼓勵的語調叫他回來，手上拿著一個比那個玩具更有吸引力的東西；當然，如果他更喜歡小餅乾，就用小餅乾當獎品。當他回來你身邊時，請好好大力稱讚他。

避免獨自閒晃

當你確定你們已經很熟練後，改移師到一個比較真實、可能有其他人事物的情境來練習。成功以後，再到離家畜有點距離的地方練習，如果你不確定狗狗遇到他感

興趣的分心物時，是否還會回到你身旁，請還是讓他戴著長牽繩。

記住，所有牧羊犬，也都是經過好幾世紀的挑選育種，才成了會聽從牧羊人指示，可同時狩獵、而不獵殺的現在模樣；很不幸，也有牧羊犬，會在牧羊人不在時，獨自在山坡上獵殺羊群。所以，人類更應該加強對狗狗的訓練，而且不論他們被訓練得多好，在可能遇到獵物的地方，狗狗還是不該獨自遊晃。

追逐與狩獵

某些狗狗的狩獵慾望可能太強，以至於你無法獨自解決問題；如果是這樣，就不要在農場、或其他類似地方，放掉狗狗的牽繩。不只要做本則所提的練習，還要重複練習所有基本訓練，以鞏固你是領導者的地位(請參考方法50)。如果，你還是沒辦法克服你家狗狗天生愛追逐的慾望，就尋求專業協助了。不要忘記，雖然大部分的追逐，本來是在練習、玩耍，但是只要發生一次狩獵攻擊，就會讓整件事不幸成真。

我是黃金獵犬

追逐貓咪是天性

視覺敏銳、被用來做為狩獵夥伴的視力系獵犬(阿富汗獵犬、蘇俄牧羊犬、獵鹿犬、格雷伊獵犬),還有梗犬(傑克羅素梗、約克夏、蘇格蘭梗、史丹福鬥牛梗等等)的形象壞在總是追逐老敵人:貓。他們是固執的追貓者,有時也會殺貓,一群狗在一起的時候,情況更糟。

野狗和野貓。泰國。

視力系獵犬,最容易對貓造成危險,這件事應該一點也不讓人驚訝,因為他們原本就是被育種來追捕和獵殺。這也是為什麼,牧羊犬、畜牧犬、槍獵犬會特別被挑選出來育種,因為他們擁有優良的團體狩獵技巧,卻不會捕殺獵物啊!這些工作犬常因具有工作專才、可執行特別作業,而被挑出來育種,像玩具犬就沒有特定的育種目的。

視力系獵犬和梗犬愛追貓

如果你家有梗犬和貓,你就要特別注意了。幸好,適當地向他們雙方介紹彼此,給予他們足夠的注意關心,犬貓還是可以和平共處的。不是每隻梗犬都那麼強力「反貓」;梗犬專家羅伯‧齊里克(Robert Killick)就認為,西高地白梗、挪威梗對於貓,就不像萬能梗那麼執著。隸屬格雷伊獵犬救援隊的安琪拉‧克勒特(Angela Collett)也提到,雖然很多格雷伊獵犬會殺貓,但25%～30%的格雷伊獵犬,可以很快適應和貓住在一起。

要阻止黑名單上的狗狗品種不要追貓,實在很難。先不論你是否該遠離養了其他種類寵物的鄰居,只要你的狗狗在路上追貓,這貓就可能成為受害者。要控制你的狗狗不追貓,就像控制他不要追殺其他動物那樣(請參考方法70),如果還是控制不了,請尋求專業協助。

介紹犬貓認識彼此

介紹狗狗和貓咪互相認識,有個好方法,那就是一剛開始,就讓他們互相聞到對方的味道。如果要介紹貓咪給狗狗,請先把狗狗隔在房間外,然後讓貓在房間裡晃一圈。把貓帶出房間,再讓狗狗進來。重複幾次,之後2隻動物就會開始慢慢習慣對方的存在。你也能開始預測狗狗的反應。

假設狗狗已經被你訓練得滿不錯,讓他聽你的指示,趴在房間地板上。然後把貓放進一個安全的貓藍(金屬製為佳),帶進房間,放在一個平面上,例如梳妝台或工作台。你千萬不要緊張不安,要讓狗狗在你的指示下,繼續坐著或趴著。幾分鐘後,讓貓從藍子裡出來。重複幾次,慢慢增加貓待在藍子外的時間,直到他們習慣彼此的存在。

第一次讓犬貓見面時,若你的狗狗是梗犬、視力系獵犬、或其他令你擔心的品種,讓他戴上口鼻套。當確定真的沒什麼危險時,才能拿開口鼻套,並確定貓有很多可供跳躍的垂直退避處,例如櫥櫃。

記住,你的擔心不是只要讓貓安全就好;貓可是很容易因地盤受威脅而備感壓力,可能會故意弄髒環境、噴尿、攻擊、破壞家具、或亂叫。習慣和貓相處的小狗,對貓來說比較不危險。

貓的反擊

貓咪不像習於團體生活的狗狗,會做很多服從動作。獨立的貓,是有武裝的,而且可能會發出凶猛的最後一擊,即使是一隻德國牧羊犬,都可能吃上一爪。

追逐車子

雖然汽車或腳踏車在你看來，一點也不像獵物，但如果它們的移動會引起狗狗追逐獵物的興奮感，他就會像顆子彈一樣衝出去！

追車，對他人對狗狗都有危險

在公共場合、或任何可能有車子出現的地方，讓你的狗狗戴著牽繩，然後你才能好好控制他。一隻「沉迷」於追逐汽車的狗，不僅會造成別人的危險，也會讓狗狗自己身陷危險。如果你已經可以好好控制狗狗，而且能順利使用基本訓練的口令，尤其是「來」(請參考方法56)這一項，那麼本文提供的「解決之道」，將能有效解決你家狗狗愛追車的問題。但是，追逐車子的衝動，可能原本就根深蒂固存在某些品種的天生個性裡，如果你無法獨自克服這些問題，請尋求專家協助。

追車狗

後退的車，會刺激某些品種的狗狗來場追逐。追逐，是以下這些狗狗的天性：視力系獵犬(例如：格雷伊獵犬、惠比特犬)是天生的追逐者；牧羊犬(包括：邊境牧羊犬、喜樂蒂牧羊犬、法蘭德斯畜牧犬)符都很容易追車；梗犬也是。

我是
拳師犬

解決之道

● **走向騎車人士**

請一個朋友騎著腳踏車，與你相隔一段距離，你讓狗狗戴著牽繩、或側拉他的頭套，平行走向你的朋友。

● **看看狗狗的反應**

發現你的狗狗對腳踏車有興趣時，轉身，往反方向走。然後再回來，重複再重複這個動作。當狗狗不再對腳踏車表現出興趣，用食物獎勵他。

● **騎車人士經過身旁**

和你的狗狗一起站著，讓你朋友騎車經過你們身邊，剛開始時，從你旁邊、而不是從狗狗旁邊經過。這是一個測試，因為「直接從狗狗旁邊跑過去」的車，會激起狗狗的衝動。

● **要狗狗坐下**

在腳踏車經過你們身邊時，再次讓狗狗的頭套轉邊，不要讓狗狗面對腳踏車的方向，然後下達口令「坐下」。他坐下時，給予獎勵。如此將以上4個步驟重複再重複。

占有慾、守衛心

當兩隻狼各咬住一片肉的兩端,隨著威脅的嗥叫,可能會有一場打鬥發生……這在狼群中,是很正常的現象。但是,當一隻狗齜牙咧嘴地恐嚇和嗥叫,或是咬任何想撿他玩具或狗碗的人,這是令人完全不能接受、和不安全的行為。狗狗很強烈地表達:這是他的東西,而且這也顯示狗狗不認為你是領導者。

我是騎士查理王獵犬

梗犬的占有慾特強

某些狗狗對於他睡覺的地方(即使那只是家裡某張椅子),也會出現占有慾、守衛心。如果有一個客人要坐那張椅子,狗狗可能會擺出一種威嚇的姿勢。同樣的事情,也可能出現在車子裡,狗狗可

解決之道

玩具占有

● 在狗狗身旁放玩具

放一個玩具(不是他最喜歡的)在狗狗旁邊,讓他「坐下」,如果他沒咬玩具,獎勵他。重複練習。

● 用獎品交換玩具,說「給」

如果你的狗狗並沒特別做出威嚇動作,但也沒意願讓出玩具,給他「坐下」的口令,然後給食物獎品(這等於要他,用獎品交換玩具),同時說出指令「給」,最後稱讚他。需要的話,重複練習。

食物占有

● 狗狗戴牽繩

讓狗狗戴著訓練牽繩,另一個人在必要時,可用牽繩制止他,指示他「坐下」。

● 發出聲音,不讓他吃東西

你把裝飼料的碗放下,當狗狗向前走要吃飼料的時候,發出大聲的斷音,讓他分心。每次他嘗試向前走時,你就一直重複發出聲音。

● 坐著不動,給獎品

當狗狗保持固定姿勢不動之後,用小餅乾獎勵他。接著把食物拿走,再次練習Step2;這一次,給獎品之後,當狗狗保持固定姿勢時,說出「食物」這個口令、或是任何你准許他吃東西時,會用的口令。

椅子占有

● 坐在椅子上。讓狗狗戴著牽繩,坐在椅子上。
● 你手握獎品。你用一隻手握著食物獎品,把手放低,直到狗狗往前移動。
● 說「下來」和「坐下」,給獎品。說出「下來」的口令,狗狗下來以後,讓他「坐下」,然後給獎品。

能會威嚇任何接近他「專屬」位置的人:主人或許覺得狗狗這樣,能嚇走逼退一些賊偷,但若發生在家人或朋友身上,可就不是這麼回事了。

為了避免這種情況發生,請給你的狗狗一些訓練。開始時,要讓狗狗在你的控制之下,你的手上要拿著給狗狗的食物和玩具,而且要記住,某些品種天生就比其他品種更強勢,尤其是梗犬,他們的占有慾特別強。

狗狗飛撲,真的是一個問題,尤其是大型狗,他們的體重可能會壓倒老年人、虛弱的人、還有小孩,而且他們髒髒的腳爪也不是很受歡迎。如果你無意間讓狗狗的猛撲行為,成為他根深蒂固的習慣,可得努力幫他改掉。

來自小狗對狗媽媽的歡迎

對某些天生較強勢的大型犬來說,飛撲,可能是他們確認自己地位的一種方式,但通常這可能只是他們歡迎人的方式而已。一群成犬,可能會嗅聞和舔舐,但我們還是比較常看到,當母狗回到窩裡,小狗興奮衝出來猛撲、舔媽媽的臉。因此主要是小狗(6～18個月大)會在主人回家、或訪客到達時,做出這種動作。

當狗狗年紀很小時,主人會蹲下,讓狗狗熱情地歡迎他;我們在他小時候,也一直「訓練」他這樣做。但等他稍微長大一點時,有一天,我們卻突然把他推開,不讓他撲上來,這是多麼不公平啊。

替代行為:「坐下」

狗狗飛撲問題是發生在什麼狀況下呢?是我們回到家時?當我們遇到散步的狗狗時?或當你的狗狗遇到小朋友時?當你發現了這個問題,可讓狗狗練習其他的替代行為,要他「坐下」,然後給獎勵。請進一步參考本文提供的「解決之道」。

事實是,我們不該把「狗狗飛撲」視為一種壞行為,這行為只是不安全。只要你了解狗狗是怎麼看待飛撲的,就能試著努力解決問題。

解決之道

● **一回家,別對他熱情**

你一回到家,不要對狗狗太熱情,不要伸出雙手歡迎他,然後站著。這目的是為了不要讓狗狗興奮。不要和狗狗做眼神接觸,而且你自己也不要表現得像隻小狗。

● **讓狗狗坐下,給獎勵**

當狗狗看到你回家,很高興地撲了上來,不要罵他,讓他做別的動作「坐下」,然後開心地得到獎品。因為,飛撲,並不代表狗狗的行為是錯的,只是對人類來說不安全、不舒服,所以不適當。

讓他換一個動作來做,而且給他獎勵,對狗狗來說是很好的。給他一個清楚的「坐下」口令,當他坐下時,給獎勵(稱讚他、或適當冷靜地拍拍他、或給一小塊食物)。

● **請其他人一起配合**

不要讓其他人破壞了你的努力。其他人,可能因為不自覺接受了狗狗的熱情歡迎,而壞了你的努力。讓他們和你一起努力,如果你告訴他們,他們可以幫上忙,大部分的人都會很願意合作。只要要求他們冷靜,然後站立,不要理狗狗,和你講話的同時,避免和狗狗做眼神接觸。

● **別讓他感受興奮氣氛**

在人的情緒冷靜下來前,讓狗狗待在另一個房間。如果因為客人的來訪,空氣中有一絲絲興奮的氣氛,如此,狗狗的開關一打開,就很難控制了。所以,如果有好久不見的朋友或家人來訪,你們見面時那個很興奮的場面,請別讓狗狗看到。

坐下!

如果你的狗狗,不能清楚了解「坐下」這個指令,本文所提「解決之道」便一點用也沒有,所以要徹底訓練狗狗了解這個指令。訓練狗狗、避免問題發生,就是不斷地重複、重複、再重複基本訓練,但是一次不要練習太久,1次5分鐘就夠了(請參考方法54)。

我是德國牧羊犬

75 占據床舖

在美國一項有4千人應答的調查中，貝瑞‧辛羅(Barry Sinrod)發現，47％的主人讓狗狗和他們睡在同一個房間，60％的主人讓狗狗和他們睡同一張床。當伴侶不在身邊時，66％的主人讓狗狗睡在床上陪伴他們。有13％的伴侶很不滿狗狗和他們睡同一張床，但是伴侶卻忽略他們的感受。

讓狗狗睡床上，是寵壞狗狗

某些夫妻，因為其中一方堅持晚上讓狗狗睡在床上，幾乎過著無性、或不能親密接觸的生活。狗狗甚至可能因為和他特別親愛的「那個伴侶」仍躺在床上，當另一個人想從床舖上坐起來時，會做出攻擊性的恐嚇動作；不僅比較嚇人、會嗥叫的大型狗會如此，玩具犬也會這樣。

這種情況會發生，常常是因為其中一方寵壞狗狗。寵壞狗狗的正確意思是：把狗狗當做玩具，而不是狗。放縱小狗，可能會助長他的強勢問題，導致家中其他人被狗威脅或咬傷。體型比較大的狗，例如德國牧羊犬，可能自認他在「團體的地位」比主人的「伴侶」高，而對主人的伴侶加以恐嚇、吠叫、或咬他。如果對方退縮，就更加強了狗狗對自己地位的認定。

我是混種狗

對家人造成威脅、擾人睡眠

狗狗硬要睡在床上的強勢問題，不只影響主人的伴侶，小孩和其他人也可能被狗威脅，而且沒人在床上時，某些狗可能會在床上尿尿做記號。

即使狗狗不見得會攻擊主人的伴侶、或其他家庭成員，但光是打擾人的睡眠，就是個很大的問題了。狗狗在床上動來動去，會讓主人不舒服，或是主人聽到狗狗抓門時，便必須起身幫狗狗開門、關門，讓他進出房間。幾乎讓人不可置信的是，狗行為學家曾遇過幾個極端例子是，為了避免和狗狗對峙，某些主人最後自己睡在地上，沒有什麼行為莫此為甚，狗狗這下真的確定自己就是領導者。

我是拳師犬

解決之道

● 不能進臥房

當主人准許狗狗和他睡同一張床時，狗狗等於收到一個完全不正確的地位排名訊息；他會認為自己的地位很高，僅次於主人，或甚至比主人還高。請用其他動作，慢慢矯正狗狗的強勢問題（例如：不要餵他吃人的食物等等），特別是為了克服床上的攻擊行為，狗狗應該完全被擋在臥房外，不能進入。

● 給一件舊衣服

為了徹底調整狗狗的行為，狗狗和主人可能有1、2個晚上沒辦法好好睡覺。主人可在狗狗窩裡的床舖，放一件主人的舊衣服，讓他感到安心。

狗狗和腳交配,以及其他性慾很強的行為,可能會讓主人覺得很奇怪,而且感到困擾。更不用說,當你和人談話時,狗狗爬上對方的腳、或試著和地板上的地毯交配,會有多尷尬了!

我是長鬚柯利牧羊犬

1～2歲大的公狗會這麼做

即使主人能成功控制狗狗,儘量不讓他爬上家人的腳,但狗狗可能會分辨家人和客人的不同,於是客人來訪時,可能懂得突然發現,自己正受到狗狗的色情攻勢。對小孩來說,像拉拉多這種體型的狗趴在他們身上,用前腳夾著他們、做出交配動作,真的會讓孩子覺得非常可怕。

無論如何,一隻年輕的公狼、或是未結紮的年輕野生公狗,很自然地就會想和群體裡的雌性交配,所以,我們在家中未結紮的公狗身上,也看得到同樣的事情發生,而且通常是我們的「團體」裡,1～2歲大的狗會這麼做(發情的母狗,有時也會有這種動作)。

社會化、運動量、比強勢

騎爬,有時也是因為狗狗在幼犬時期,沒有好好和其他狗狗進行社會化而造成;但有時,可能是因為運動量不足的關係。養了兩隻3歲以下公狗的主人,有時會發現狗狗不只騎人,還經常互相騎爬。在這種情況下,騎爬可能寓有誰比較強勢的涵義。

解決之道

- **服從性排尿、解決分離焦慮**
  客人來訪時,狗狗可能會過度興奮。可使用「服從性排尿」(請參考方法78)、解決「分離焦慮」(請參考方法63),減少狗狗的興奮感。

- **要他冷靜下來,坐下**
  如果是玩耍過度,讓狗狗興奮過頭,可先帶他到一個可「冷靜下來」的房間待個1～2分鐘。不要讓狗狗待太久,把他帶回來,要他坐下,並獎勵他的好表現。

- **人站起來走開,轉移狗注意力**
  當你預測到狗狗用奇怪的方式接近你時,站起來走開,轉移他的注意力,然後指示他「坐下」,當他完成動作,予以獎勵。

- **帶他去結紮**
  結紮,通常可以終止狗狗的這種行為。

- **玩具分心法**
  利用玩具等工具讓狗狗分心,可能會有效。

- **用水柱沖他**
  要阻止狗狗這種行為,可使用水柱沖他,讓他有不好的負面聯想,便不會再這麼做。

我是拳師犬

77

「偷」吃

餵狗狗吃餐桌上的食物，不僅會使他發胖，還會馬上引起狗狗的行為問題。很不幸，太多飼主都把這種行為，看做是對狗狗的小小縱容，並不了解這對他和狗狗的關係造成多大傷害。

我是
拳師犬

給狗狗餐桌食物，他會以為是獎勵

在廢棄物中尋找食物，是狗狗的祖先生存的方法之一，所以拿取食物對狗狗來說，沒什麼不對的。如果，你吃飯的時候，狗狗向你要食物，而且你給了他，你等於是在鼓勵這種行為，並讓這種行為變成習慣；對狗狗而言，食物等於是給他的獎勵。

當客人盤子裡的食物，都被狗狗吃光時，主人的解釋是：他們認為那只是狗狗的「壞習慣」罷了。或是，狗狗可能會讓全家人的吃飯時間，變成痛苦的討飯時間；甚至更糟，狗狗會直接走過來，然後吃掉食物！問題不在於這是狗狗的壞習慣，而是主人的壞習慣造成這種狀況，除非面對這問題，不然狗狗是不可能改變的。

主人的這種壞習慣，也會讓他們在狗狗眼裡，地位下降。飼主認為對狗狗無害的稍稍放縱，和狼的邏輯是相反的，狼群中地位最高的領導狼會先吃飯，而其他狼不能插隊；別忘了，狼可是狗狗的祖先。

解決之道

• **他乖，才給食品獎勵**

給狗狗食品獎勵，永遠只能在他表現好、或是做出被要求動作時給予，而且是你決定要給他，不是依照他的要求而給。

• **你准許，他才能吃東西**

訓練狗了解，只有在你准許的時候，他才能吃東西，而且要知道食物是由你提供，不是他自己上桌要。

• **讓他坐下，聽口令吃東西**

假設你的狗已經受過訓練、並學會坐下。把他的碗放在地上，但維持「坐下」姿勢，訓練他，只在聽到你的口令時才能吃，例如「吃飯」這個口令，或是每次你會用到的口令。

• **在廚房準備狗食**

不要在你吃飯的地方，準備狗食；請在廚房準備，而不是在餐桌上。

• **不要給他剩飯吃**

不要給你的狗，吃你剛剛吃剩的飯，這會使他混淆。

很多狗狗的行為問題,通常是因為過於強勢的狗、和立場不堅定的主人所造成;然而,服從性排尿,就是一個完全相反的問題。這不是一種錯誤行為,這樣的順從行為,可讓你的狗在面對一隻比他強勢、或具攻擊性的狗時,避免打鬥發生。這行為比較容易發生在年輕的狗、和母狗身上,公狗較少。

遇見強勢的人或狗

狗狗發生服從性排尿,其中一個典型狀況是,一隻容易緊張、興奮的狗,知道有一名他認識的客人將來訪。狗狗從過去的經驗知道,這名訪客比較強勢,當客人一到,狗狗就會立即開始興奮、搖尾巴、急於取悅對方,躺下然後滴尿,表示他的極度服從。狗狗也可能採取站著、或蹲下的姿勢尿尿,但不會是他平常的尿姿。

服從性排尿,有時會變成一種在興奮場合,產生的「強烈」習慣。對某些特別容易興奮、進而排尿的狗狗來說,他的興奮之情遠超過他的強勢態度,所以才會發生無法控制的排尿。這種情況,也可能發生在狗狗面對比較強勢的主人、或訓練師時。某些狗比其他狗容易發生順從性排尿,包括可卡獵犬、黃金獵犬、以及某些德國牧羊犬。

別讓狗狗變得過度興奮

在引起這個行為問題的情況下(例如:狗狗歡迎某個熟人訪客到來),你是可以預測狗狗這種行為的,所以,不要讓家中氣氛變得太興奮,而且可能要在門外歡迎你

的親友,避免弄髒家裡。或者,事先把狗狗移到其他房間,避免他受到興奮氣氛影響;在狗狗不在同一室內的情況下,度過你和訪客開心相見歡的時刻,然後才讓狗狗在比較冷靜的情況下,與客人見面。第一次見面時,請訪客忽略狗狗、保持安靜,並且最好是坐著。

如果狗狗在你平常一回到家,就會發生這種狀況,代表你以後返家時不能太熱情相待。不要讓狗狗太過興奮,要用冷靜的心情面對他,然後忽略他,過了一段時間,狗狗對於你的返家就會比較冷靜,這時再安靜地歡迎他。

如果狗狗對你表現出順從性排尿,用鼓勵的音調提高聲音,降低你的高度(彎下腰或蹲下),減低你的強勢,不要拍或觸碰狗狗,鼓勵他爬起來,拿你手上的球或食物。

解決之道

· 對狗狗的尿,不要大驚小怪。

· 處罰狗狗,只會惡化已經存在的問題。

· 介紹訪客給狗狗認識時,保持一定距離,別讓狗狗感到不舒服。

· 獎勵,可以讓狗狗大有進步,尤其是食物獎勵。

所為何來

服從性排尿,似乎像是狗媽媽刺激小狗的屁股,讓他們排尿;當然,還是幼犬的他們,此時仍處於被動情況。根據狐狸的情況,這種會行為持續到長大成熟,所以當狗狗遇到彼此時,地位較低的一方就會露出鼠蹊部讓對方靠近嗅聞;在極端的例子裡,最後就會發生順從性排尿。

家中多隻狗狗搶地位

當家裡新增一隻新狗狗或幼犬時，一定要特別注意。大部分的主人認為，本來的狗應該會維持較高地位，但實際情況卻常常不是這樣。狼群的生活，地位排名不是依照先來後到，永遠存在著爭奪地位的等級制度。如果狗狗覺得家裡其他成員地位不是很高，就會發生競爭行為；而當狗狗不認為主人是個堅定的領導者時，他也會想搶奪地位、予以取代。

分等級對待狗狗，免得爭吵

你若想維持一個犬科群體的等級，一定要明白表示，原本的狗狗，才是比較受喜愛的。這樣可減少原本的狗狗萌生妒意，等於讓他覺得是新來的狗狗，使他受到獎勵，所以不需要加以嫉妒。一旦，一個新的等級建立了，為了維持和平共存，最好按照狗狗的等級對待他們，減少其他狗的挑戰。

在犬科動物的世界裡，從狼到你的狗，並不是依民主開放討論的模式而生活，而是忠誠追隨的等級制度。在你和狗狗的關係中，你必須對他們彼此間的相互關係很敏感且了解，讓地位較高的狗比其他狗先吃飯、先走出家門；但記住，你才是那個應該第一個跨出大門的人，可別太禮貌了，讓所有狗狗先走，這樣會使你在狗狗心中，變成一個服從的傢伙！

解決之道

● 地位最高的狗狗，先進食

狗狗之間，許多攻擊性的動作，即使只是吐口水，都可能是搶地位的導火線；此時，地位較低的狗，目光應該會往旁邊看。在狗狗們可能發生爭執的事情上，儘量減少摩擦造成機會，例如進食順序；並且確定狗狗在各自固定的位置吃飯，不要讓他們直接看到彼此。

● 各別給食物，別讓其他狗看到

已經有一根骨頭的狗狗，還想要其他狗的骨頭，這在養了很多狗的家庭裡，可能是狗狗們經常爭執的原因。在不同的地點，分別給狗狗骨頭，避免他們打鬥。

不只一隻

美國在2004年所做的國家寵物飼主調查中顯示，超過1/3的主人不只養一隻狗，23％的人養2隻，12％的人養3隻或更多。每個家庭，都有一個狗狗等級制度。

我們是長毛臘腸狗

我是德國牧羊犬

我是庇里牛斯山犬／聖伯納

經常梳理毛厚的狗狗，避免毛髮打結，是必要的。某些品種，例如萬能梗，便需修剪毛型和梳理，以免他們在短時間內，就會看起來像一隻犛牛。再說，大部分的主人以為梳毛只是為了狗狗外觀好看，而忽略了梳理對主人與狗狗關係的重要性。

我是剛毛獵狐梗

強勢的狗狗不喜歡

強勢的狗，常常會抬起前腳，放在地位較低的狗身上，但不喜歡別的動物對他們這麼做。即使你找了獸醫、或專業的狗狗美容師，對某些會強烈抵抗的狗狗而言，以下這些事仍可大可小：牙科的問題(例如：清潔牙齒)、檢查時需強行置入外物、剪指甲、清潔眼睛、滴眼藥水等等。無論如何，如果你每天都梳理狗狗的毛，這可讓你的狗狗知道：你是他的主人。

對於不喜歡梳理、而且強勢的狗狗，可幫他戴上訓練牽繩和頭套之後，再替他進行梳理。無論如何，在你們完成基本訓練前(請參考方法49)，不要嘗試做梳毛練習，並確認狗狗會適當地回應你才行。梳毛時，從撫摸開始，增加一些梳理，如果狗狗接受，再慢慢增加梳理的比例。不要從有危險的地方開始(例如：頭部)，而是從背部開始。

梳毛的人要固定同一位

不管怎樣，都不要對你的狗狗失去耐心，然後強迫他就範，如此你們兩個都會變得壓力很大，而且他會更不想配合你。如果你讓梳毛變成一個愉快的經驗，他會發現這很享受，而且會很樂意重複做這件事。

如同大多數的訓練，讓你的狗狗習慣經常是由你、或是另一個人幫他梳理，而且應該要從他小時候就開始。

糾結的毛髮

狗狗絕對很擅長讓自己變得髒兮兮，所以才會需要適當地梳理，因為如果幫毛打結的狗狗直接洗澡，只會讓毛髮打結更嚴重。如果毛髮已經打結纏成一團，請把狗狗交給專家，讓他把打結處夾起、然後剪掉，這可能會讓狗狗的壓力小一點。

好好研究、然後詢問一個專業的美容師，哪一種梳子、刷子、和其他工具，適合你的狗狗。小型狗可讓他站在桌上，比較好梳理，但是要確認表面不會滑溜，而且要隨時注意他。

81 隨地大小便

感覺上，狗狗弄髒家裡環境，似乎是很顯而易見的事，但其實這很難評估。談到弄髒家裡環境，要從狗狗的天性去設想，才能確認是否正確處理問題。

貓，通常很少弄髒家裡，他們如果做出這樣的行為，大多是因為環境太擁擠而造成壓力所致。相較之下，當狗狗有這種問題時，摩伊斯(Voith)和波契爾特(Borchelt)發現，在他們研究的案例中，只有1/5的狗狗是出於和貓同樣的原因而弄髒家裡。破壞、弄髒家裡，已經被狗行為顧問認為是他們最常面對的問題；約有1/3的狗因為分離焦慮而失禁，公狗的數量僅為母狗的一半。

分離焦慮、未經訓練、宣示領地

如果你只是短暫離家一小段時間，狗狗就在家裡搗亂，這就是分離焦慮的特點(請參考方法63)。如果你在家的時候，狗狗還是會搗亂，這可能是因為你的狗狗還沒受過完整的家庭訓練，所以請回頭開始訓練起(請參考方法48)。訓練時，適當地搭配籠子(請參考方法53)，通常很有效；但如果濫用這個限制方法，讓狗狗在籠子裡待太久，這方法就會失去功用。

客人若帶狗來家裡，可能會讓你的狗狗想做領地宣示，而興起做尿液記號的衝動。一件帶回家的新東西，像是從超市帶回的盒子或袋子，狗狗也可能因為味道不熟悉，而對它們做尿液記號。

當你的狗狗，已經在家裡發展出一套標示領地的尿液記號佈局時，他會被自己的味道吸引，回到那個地點，然後重複尿在那個位置，加強記號。所以，用專門的酵素清潔產品，好好清潔這些位置，是必要的；因為狗狗可以聞到人類感覺不到、濃度比較低的氣味。

害怕主人、飲食改變、品種特性

很多狗不在花園裡、或散步途中排尿排便，主人通常無法理解為什麼狗狗要這麼倔強，事實上，狗狗已經固定對家裡的某個位置或東西排泄了，這可能是因為他沒有受過適當家庭訓練。這也可能是因為，狗狗不願在曾經強烈處罰他的主人、或其他家庭成員面前排泄，

做記號，標示領地

做尿液記號，是公狗會有的行為，且通常是很強勢的公狗，所以，結紮可有效解決這個問題。結紮，對大約1/3的狗都會很快產生效果，但有大約1/5的狗會再犯，約對1/2的狗沒有影響。

因為他很害怕。把狗狗的鼻子按進他的排泄物裡，或是在事後處罰他，都會產生不良後果，尤其是對一隻總是感到害怕的狗。如果你當場抓到狗狗搗亂，一聲尖銳的「嗯」，就可以讓他停止動作。

改變狗狗的飲食，可能會引起排泄問題或胃腸氣脹，尤其是對年紀較大的狗、或扁臉的品種。某些品種，可能特別容易弄髒家裡的米格魯、和容易興奮的玩具品種如約克夏，他們就是因為行為像小狗，所以特別被挑選出來育種。

想了解狗狗搗亂弄髒家裡的模式，可用日記記錄下來：不要只是記錄問題發生的日期，也記下散步次數，狗狗是否在散步中排泄、飲食改變、會造成壓力的事件等等。從紀錄中，你可以觀察到一些訊息，像是是否需要調整餵食時間，還有狗狗散步的時間是否夠長等等。

當主人看到他們的狗狗吃便便，會感到噁心，這是可以理解的。我們知道，狗是食腐動物，但沒想到這麼誇張！

補充狗食不足的養分？

如果你家狗狗正值在窩裡吸奶的階段，那麼母狗舔食小狗的排泄物，是很正常的。母狗一邊清小狗的排泄物，一邊還是會反嘔食物給小狗吃，所以無疑地，一定也會有些食物沾到小狗的排泄物。

雖然一般並不認為狼是食糞動物，但是在獵殺獵物時，他們通常會撕開動物的腸子，然後把腸子和內容物一起吃下肚。可能是這個部分的食物，家犬在飲食中吃不到，所以吃便便，讓糞便中的細菌補足這個部分。

吃貓糞補充蛋白質？

在成犬身上，先不論棄犬因飢餓而吃糞便的情況，如果是缺乏營養、感到壓力或無聊，都可觀察到吃便便這種令人遺憾的行為。荷蘭維吉尼根大學的瓊安·凡德波格(Joanne van der Borg)博士發表的一篇新研究，對這種行為提出了一些新見解。在他調查的517隻問題狗狗中，他發現超過11%的狗會吃便便。他的新發現是，有56%的狗是吃其他狗的便便，而37%的狗只吃自己的便便，只有7%的狗是自己的、和別的狗的便便都吃。這顯示，其中一定蘊含了比「壞習慣」更重要的意義。研究還發現，吃自己糞便的狗狗，並沒有特定哪一種性別較多；但是吃其他狗糞便的，則是母狗，明顯比公狗多。

吃市售狗食的狗狗，飲食中的植物性成分，比他們的祖先多很多，而狗狗自祖先遺傳而來的腸子長度比較短。和草食動物一樣，狗也有細菌發酵，協助分解大腸裡的食物，並產生脂肪酸、維他命B1、和其他維生素B群。某些狗狗很特別，會吃貓糞，這應該也是因為貓糞有較多蛋白質，可補充狗狗飲食中的不足。

狗狗擁有食腐的歷史，而且會把已部分分解的食物和骨頭埋起來，留待日後食用，所以以「在便便上添加不好的味道」這種方法通常沒效。狗狗不僅習慣腐壞的味道，還能忍受噁心感。

解決之道

· 可以到處亂跑的狗狗，可能會有很多便便可享用，所以在調整行為時，讓狗帶著牽繩，較能有效控制。
· 口鼻套，也可防止狗狗吃便便。
· 下達「不行」的指令，加強服從訓練，也可以調整狗狗行的為。
· 把辣椒或相似的東西，加在狗狗即將要吃的糞便上，可能會有效。

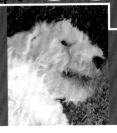

在便便上打滾

「喔,你為什麼要這樣?」當身體乾乾淨淨的狗狗,跑去躺在一堆糞便上打滾時,主人通常會發出這種絕望的慘叫,於是狗狗的身上就有一種強烈使人不悅的氣味。現在,你就必須一路和這氣味走在一起,或更糟,得讓這氣味坐進你的車子裡,和你一起回家!

很多動物都愛排泄物

從生物學觀點來看,狗狗不是唯一會在便便上打滾的生物,很多肉食性動物,都會在頸部、肩膀、下巴,揉上氣味強烈的物質,例如,斑點鬣狗就會這樣,但更瘋狂的是,他還會把自己嘔吐出來的毛球,揉在身上。對麝貓來說,身上沾有已分解的動物組織氣味,是進食和性行為的一部分;在腐爛的屍體上打滾,更是許多野生犬科動物常見的行為。

非肉食性動物,例如牡梅花鹿,在繁殖期的高峰,會在自己的尿液上打滾,替身體滾上一層具刺激性臭味的泥土。甚至,愛乾淨有潔癖的貓,都會以一種類似發情的模式,搓揉貓薄荷樹,這種樹有一種揮發性樹油,氣味和貓的性氣味很相似。

至於狗狗為什麼要在有臭味的物質上打滾?一般的解釋是,為了狩獵或社交,狗會用這種方法遮掩自己的氣味。但是,動物學家R.F.愛華(R.F.Ewer)認為,犬科動物的氣味標示器官,演化程度不如其他肉食性動物,他們主要是依靠,聲音或視覺訊號這類比較可快速隨環境

我是
西里漢梗

解決之道

● 預測狗狗的動作

注意狗狗的動作,當他專注看著地上一坨臭臭的東西、並在旁邊繞圈圈時,隨時他的肩膀、整副狗身體,就會倒下去滾。注意溪岸邊腐臭的魚屍,這可能是狗狗沾在身上,最臭的東西了。

● 叫喚他、讓他轉頭,分心

如果你預測到狗狗的這種動作,叫喚他,讓他分心。如果你的狗狗戴了轉向頭套,快速讓他轉頭,用一個玩具讓他分心。

● 離開,叫他坐下,給獎勵

離開那個地點,然後下達指令「坐下」,當他完成動作時,給他鼓勵。

調整的溝通模式,來求生存。這就是為什麼,狗狗在某些時候要「借用」其他強烈氣味的原因,而且較諸其他物種,可能還寓有性功能。

這是天性,不要太苛責狗狗

對狗狗來說,便便的味道是很讓他們喜歡的。偶爾,當某隻狗在糞便或腐屍上打滾時,另一隻狗就會被他的動作吸引,靠過來聞一聞,然後加入。為什麼狗狗會喜歡這種行為?部分原因可能是,當狗狗在臭東西上打滾時,他的嘴巴是半張開的,因此犁鼻器會接收揮發氣味,類似性氣味。

當你和臭到不行的狗狗回到家,為了避免他的毛打結(尤其是毛容易打結的品種),你應該要先刷毛,再幫狗狗洗澡。如果你的狗狗超愛在臭東西上打滾,你可能要經常幫他洗澡,所以建議你使用溫和、無香料的洗毛精。

我們應該不要太苛責狗狗這種行為,畢竟,我們也會做一模一樣的事:為了性魅力目的,抹上強烈的味道(雖然是用瓶子裡的東西),而且某些很高級的香水,甚至帶有麝貓臀部腺體的萃取物咧!

對現代的狗狗來說，車子，是他們生活中一定會出現的東西，雖然大部分的狗都喜歡搭車旅行，但還是有少部分的狗狗不太能接受搭車：某些狗會暈車噁心想吐；某些狗覺得汽車很可怕，害怕到驚慌程度。避免這種問題的關鍵，在於讓狗狗慢慢習慣搭車，讓他一點一點累積他能接受的經驗。

波利犬與籠子

漸進式，讓狗狗習慣待在車上

如果你沒有要去任何地方，可試著讓狗狗習慣車子：和他一起坐在車裡，坐一下，然後下車回家。下一次，和狗狗坐在車裡，讓引擎發動，但也是沒有要去哪裡，再熄火，然後下車回家。接下來試試，在很短時間內出門一趟，然後馬上回來，之後再慢慢拉長時間。這種慢慢習慣的方法，對於容易擔心和興奮的狗狗很有效，之後他們就會比較平靜、沒有壓力地看待搭車這件事。

強勢狗狗，籠子伺候

對於喜歡表現、占有慾強的強勢狗狗，避免車門一開，就讓他們跳進車子裡，否則會有地位混淆問題。如果你的汽車可以裝籠子，這就是「籠子訓練」(請參考方法53)可派上用場的時候了，讓狗狗待在熟悉的籠子裡，可讓他有安全感，他也不會到處亂跳，到處搞破壞。

我是迷你貴賓犬

我是可卡獵犬（工作式毛型）

當狗狗進入籠子、或車子時，指示他「坐下」或「等著」。準備讓你的狗狗離開車子時，不讓他興奮地跳出來也很重要，因為馬路邊和停車場，都不是什麼可以讓狗狗全速猛衝的安全場所，再加上其他車子的駕駛，也可能被突然冒出來的狗狗嚇到，而發生意外。

狗欄隔間、救命挽具

如果你的車子不適合攜帶籠子沒關係，大部分車子都能裝上狗欄隔間。你可以像當初介紹籠子給狗狗那樣，以相同方式介紹他認識車子裡的圍欄。但是，由於其他時間，車上座位是給人坐的，所以別直接把一隻破壞狗，放在毫無保護措施的椅墊上，任他把椅墊咬得破破爛爛，日後誰坐你的車，都會覺得不舒服，人也是有感覺的！

沒待在籠子裡的狗，應該要戴上附安全帶的挽具。你可能要花一些時間，才能讓狗狗習慣挽具。少了這個東西，如果不小心出了車禍意外，你的狗狗就可能會變成一枚危險的拋射彈。

解決之道

· 狗狗進車子前，不要讓他太興奮。他冷靜一點，對你和他都比較安全。
· 狗狗不應被長時留在不通風、直接受日曬的車子裡，讓大型犬和扁臉狗待在很熱的車子裡，是很危險的。
· 狗狗搭車時，也需要喝水，適當休息。

愈來愈了解狗狗

早期人類與狼的交集時間(促使家犬出現)，已經證實比我們原先以為的時間還要更早，大約是1萬4千年前，甚至可能還要早上許多。這麼長遠的時間，足以讓人狗關係好好馴化磨合相處，慢慢變成熟。

我是尼泊爾幼犬

人與狼→人與狗

跟隨畜群移動，使狩獵的人和狼重疊了活動範圍，但這一切可能是從狼在人類廢棄物中尋找食物，而帶來的改變。人和狼之間互相依賴的關係，讓這兩個群體緊緊相依，並隨著時間演進，狼可能發生了基因的改變。然而，最大的改變應該是從人類把幼狼帶回家飼養，讓狼習慣和人相處開始；而且從那時起，就有繫繩控制的機會。史上第一本手寫的狗狗手冊，是約諾芬(Xenophon)所寫的《Cynegeticus》(家政篇)；作者是大約西元前435年出生在非洲的一名作家兼軍人。他以非常詳細地記載了運動犬的育種與管理方法。

數世紀以來，「訓練」都是人狗關係的主要關鍵，很多訓練方法都被應用在聰明的狗狗身上。現代的科學行為方法，是由查爾斯·達爾文(Charles Darwin)在1872年出版的《人和動物的情感表達》(The Expression of the Emotions in Man and Animals) 一書中，對狗狗的表情和姿勢觀察而得。

古典制約反應、嘗試錯誤法

俄羅斯的研究者巴夫洛夫(Ivan Pavlov)，在19世紀末，因為發現了狗狗聽到鈴聲就流口水的「條件反應理論」，而聞名全世界。由於此反應是起於產生制約，又稱「古典制約反應」。大約也在19世紀末，經由對箱子裡動物的行為控制，美國的愛德華·桑代克(Edward Thorndike)發現了利用「嘗試錯誤法」的學習方法。桑代克認為，學習，不是領悟或理解，而是一種嘗試與錯誤的過程。

更近代的狗狗訓練先鋒，就是康諾·摩斯特(Konrad Most)，他的書《Training Dogs》(狗的訓練)出版於1910年，書中提出訓練的某些基本行為概念。他建立了德國的軍用犬系統，直到1937年仍是軍犬研究所所長。在第一次世界大戰時，德國即有導盲犬，供失去視力的軍人使用。

改變中的訓練方法

傳統的狗狗訓練，強調「處罰壞行為」，說是狗狗習於等級制度的天性，會讓他們自己接受，所以被認為沒有問題。但現在的訓練方式重點在「鼓勵」，而且同時也要了解狗狗遺傳自狼群的等級制度生活模式。

我好喜歡訓練犬

我很愛訓練犬

狗狗的訓練方式，從傳統的矯正訓練法，到現在的獎勵訓練法，是從斯金納(B.F. Skinner)的研究延伸而來，他在1937年創造了「操作行為」這個詞。簡單來說，就是指行為的調整是可以操作的，例如，狼群在同一地區狩獵多次都沒有收穫，他們就會換到另一個地方去試試。

巴夫洛夫建立了一種「從鈴聲聯想到食物，引起唾液分泌」的條件反應理論；斯金納認為，想要操作行為，可以用「食物獎勵」來改變行為；獎勵被稱作「正向強化」，可以增加行為發生的可能性。

我是
拉布拉多

1951年，斯金納發表了一篇用「響板」(一按就會發出聲音的小玩具)來調整狗狗行為的「操作行為」理論文章。然後，他利用狗狗對響板的條件反應，使狗狗一聽到響板的響聲，就聯想到食物獎勵，響板因而成了一種「條件加強」(請參考方法87)。

條件反應＋操作行為＝獎勵訓練

從事表演的動物訓練師、馬戲團訓練師，經驗很豐富，他們總是能訓練狗狗、和其他動物做複雜新奇的表演。例如，讓一隻小狗坐在玩具手推車中，並找一隻體型較大的狗，推著車子繞圈圈。斯金納分別測試、並以行為操作方法個別訓練狗狗學習每個動作，然後再加上一個個動作。這樣的連續動作，大部分飼主可利用正向鼓勵方法，達成想要的訓練成果。食物獎勵，通常是一小塊肉；當然，獎勵也可以是稱讚、拍拍、給狗狗他最喜歡的玩具，或者是條件鼓勵，像是響板的響聲。

無論如何，斯金納的想法是基於：狗狗有一種生理「自動機制」，因而不容許他以直覺來判斷情況。但是狗狗的某些行為，例如追逐的慾望，由於基因遺傳關係，還是比較沒辦法透過訓練改變。

響板訓練

響板是什麼？它不是什麼有魔法的工具，只是一個塑膠盒，裡頭有金屬彈片的小裝置。當你按壓再放開時，它會發出很清楚明確的響聲「喀」。這是在訓練狗狗時，簡單又有效的工具。

人類和狗狗溝通的語言

使用響板，你可以很快讓狗狗把響聲和食物獎勵聯想在一起。像是讓狗狗做一個你知道他可以做得很好的動作「坐下」，如果你的狗狗還沒學會這個口令，沒關係，只要叫喚他的名字，當他抬頭看你時，按下響板，然後給牠獎勵。重複幾次，狗狗很快就可以把這些動作和食物獎勵一起做聯想。

響板的價值，在於準確度。你通常無法在狗狗完成每一個指令動作的同時，馬上給他食物獎勵，即使是口頭稱讚，也不如按下響板來得快速立即。利用響板的準確度優點，可讓你的狗狗馬上了解，你想要他做什麼動作。飼主大都不是能使用很多口令、有經驗的訓練師，雖然我們了解自己在下達什麼指令，但狗狗說的不是人類的語言，因此我們的指示，對他們來說通常不夠明確。使用響板，狗狗會很高興，你終於學會怎麼和他溝通了！

響板訓練，與傳統矯正訓練方式另一個不同點是，使用從前的訓練方法，狗狗會因為「壞」行為而被處罰，因為「好」行為而被鼓勵；但響板是一種：只要狗狗做到了特殊的「好」行為、或是被要求做到的行為，就可以被鼓勵的操作系統。你想替狗狗塑造什麼樣的行為，純粹由「條件加強」(響板)、與隨後給的獎品，伴隨的「正面強化」影響來決定。

任何年齡狗狗都適用

不管你是希望狗狗沿著一排圓錐柱迂迴前進，或是在現實生活中，通過一個特定路徑，替行動不便的主人，從鉤子上拿起鑰匙，使用響板的基本規則，都是一樣的，沒有什麼大學問。

當狗狗恰巧靠近一個圓錐柱、繞著走的時候，按下響板。當他又接近下一個圓錐柱時，再按響板，然後給他一個獎品。你會發現，狗狗只要花你幾個響板響聲，就能

學會新技巧，你會發現你家狗狗有多聰明，當然這也和你是否在正確時間點按下響板有關！一次不要練習太久，每次練習結束，都要給狗狗獎勵。

響板訓練，不只能讓狗狗學習新技巧，也可藉由響板，加強新行為，以矯正行為問題。舉例來說，一隻喜歡拉扯牽繩的狗，每當他放鬆牽繩、不再亂扯的時候，就按下響板，然後給他獎勵，相信在非常短的時間內，這個愛拉牽繩的行為問題，就會獲得改善。而且，你可以對任何年齡的狗狗使用響板訓練，從幼犬到成犬都可以，用這個訓練法，你甚至可以讓老狗學會新把戲！

響聲與獎品

要讓響板訓練有效運作，主人需遵守一些規則：
1. 不要把響板當成玩具，或讓其他人使用響板。
2. 快速隨意地亂按響板、又沒給狗狗獎勵，會打壞狗狗內心對響聲與獎品的聯想。
3. 不要過度使用響板，只有在訓練狗狗時，才用它。

訓練狗狗時，他可能會突然對一些不該注意的東西產生興趣、分心。從跟隨追蹤某個有趣的味道，到這隻暴躁的小型犬正保護一張椅子之類的「管轄區」，都有可能。有個常用的簡單技巧，能讓狗狗再把注意力放回你身上，回歸你正在進行的訓練課程，那就是用其他東西中斷他正在做的事。

我是大麥町

使用會發出聲音的道具

要打斷狗狗正在做的事，讓他再把注意力放回你身上，可以用口袋裡的一大串鑰匙，需要時，還可把它丟在地上，發出大聲響。其他有聲音效果的東西也可以，例如在厚布、塑膠袋、或塑膠水瓶裝一些硬幣(這些器具的好處是，狗狗不會發現聲音是我們製造出來的；但如果一直重複，某些狗狗馬上就會猜到是我們弄出那些聲音)，一旦狗狗的行為被打斷，就可以贏得他的注意力，要他繼續進行相關訓練。

做誇張肢體動作吸引狗狗

更快、也更適當的方式，是主人直接發出一個簡短、尖銳、肯定的聲音，例如「啊」，來分散他的注意力。很快地拍一下手，也有類似效果。當你和狗狗距離比較遠時，例如你的狗狗脫離了牽繩，而且正對別的東西感興趣，不想回來時，這時比較大、比較吵雜的動作才會有效，像是邊跑、邊揮手、邊叫，或是邊倒下、邊揮手，這類讓你自己看起來比較有趣一點的動作，一般狗狗看到你這樣，都會忍不住靠近，看看你到底在做什麼。不論你用哪一種方法讓他分心，之後要馬上讓他做指令動作，然後給他鼓勵，這一連串的動作缺一不可，尤其是口頭鼓勵或食品獎勵，會讓你的訓練更有效。

「訓練」項圈，又稱「分心」項圈，在狗狗吠叫、或接近庭院邊界時，會發出電流或香茅的味道。但因為這是用負面刺激讓狗狗停止動作，所以比較像是處罰，而不是讓狗狗分心。

水槍很好用

行為學家常提倡，中斷狗狗行為的有效方式就是：用水槍射狗，尤其從大型犬背後射他的頭更有效，因為如果你是從正面射狗狗，狗狗看得到你，這個效果就會比較像是處罰(或攻擊)，而不是一個獨立的、單純要他分心的事件。

此外，水槍要放在重要位置，拿水槍所需的時間，意味著你能不能正確抓到射擊的時機。但這個方法可能不適用：容易受傷、或特別強勢的狗。

89 專業訓練課程

如果你從未有過成功訓練狗狗的經驗,參加訓練課程,能讓你獲益匪淺。有經驗的狗訓練師,可以讓你和你的狗狗達到很好的訓練水準,但最重要的,是能幫你和狗狗建立起良好關係,並了解狗狗的需要。

由左至右:兩隻邊境牧羊犬、黃色拉布拉多、黑色混種狗

由左至右:達布霖朵成衛捷初基犬、白色拳師犬、混種犬

先做基本訓練,再上專業訓練

帶狗狗去上幼犬課程,對狗狗的早期社會化,有很大助益。如果你的小狗是在野外出生,當你帶他回家之後,他可能還是會和其他小小同伴一起衝來衝去。你應該照本書所說的,在家裡給狗狗做一些基本訓練,當他年紀夠大時,就可參加基本程度的服從課程,由有經驗的狗訓練師開課。這樣的課程,是要讓主人知道該怎麼做,才能讓狗狗了解主人要的是什麼,同時也會把你和你的狗狗,訓練成一組「團隊」。

當你開始上課時,可別因為狗狗對訓練師的反應比較好,而覺得沮喪。狗狗的反應,是基於他對下指令者意圖的了解,以及狗狗本身想學習的動機,而且訓練師的確能明確傳達,他想要狗狗做的事。當你愈來愈有經驗之後,你一定也能清楚傳達指令,而且狗狗也會好好地回應你。

持續訓練狗狗,責任在你

訓練課程通常1週1堂,這些課程只能提供你有限的訊息,並確認你是否正朝對的方向進步中:一名好的狗訓練師,能夠立刻指出你哪裡出了問題,或哪裡做得很

好。適當訓練狗狗的責任,其實完全在你身上,所以這星期裡的其他時間,你必須好好執行。一旦你和狗狗達到很好的訓練水準,就可以把課程減少到1個月1次;持續上課的好處是,可讓你和狗狗都維持訓練的專注力,而不會變得懶惰,忘記訓練,或逐漸陷入壞習慣。

如果你發現,你真的很喜歡和狗狗一起做事,而且想學習更深入的課程,可尋找進階課程或團體,它們可提供你和狗狗學習:敏捷度、追蹤、表演、或其他競爭項目。

好的開始

● 多探問課程
你可以從地方上的狗訓練社團、電話簿、網際網路、獸醫院,或是英國畜犬協會、狗訓練師協會,找到相關課程資訊,或請他們為你推薦一個當地團體。

● 多聽別人說
和其他狗主人談談,聽聽他們的經驗;自己先去看看上課情形,就可了解這樣的上課情形、或訓練師,是不是你喜歡的。

● 多參考課程
如果可以的話,在做決定前,多看幾個訓練課程:有口碑的狗訓練師,不僅不會使你反感,他甚至會很高興,你開始想解決狗狗的行為問題了。

時至今日，從前被育種來做為工作槍獵犬的狗狗，大多已成為家庭寵物，他們接受的訓練可能與從前不同，可能轉而要在「服從表演」或「敏捷度表演」中，與其他狗狗競爭。但仍有一些槍獵犬，是依照他們天生的工作長才受訓，因而他們可能無法立刻適應家庭生活。訓練工作槍獵犬的主人，大多是為了證明他育種的血統是成功的。

喜歡在田野工作

工作犬本來就需要特殊訓練，或是在某些訓練上特別加強，通常每個地區都有槍獵犬協會，你可以向英國畜犬協會詢問地址與電話。舉例來說，槍獵犬最需要的，就是在野外、或田間小道工作，他應該要遵照主人的口令坐下，即使他的直覺要他去追逐。

有經驗的槍獵犬訓練師，會溫柔訓練6個月以下的小狗，讓他們學會實際基本的控制指令，例如坐下、跟著走、或進去水裡；在6個月大之後，他們才會開始進行比較密集的訓練。

扮演不同的工作角色

● 各有各的專精訓練

不同的工作槍獵犬，發展出不同的工作角色。在一般的訓練後，他們會各自分開，專精於特別的訓練上。例如，四等分獵物競賽，就包括有系統地從一個方向前進25碼，依照指令從另一條路回來，途中一邊進行搜尋工作。

● 可卡獵犬：搜尋、驚飛獵物，不追捕

可卡獵犬，在歷史上超級有名的工作角色，就是有條理地尋找獵物，藉由四等分分區搜尋，讓獵物驚飛，然後完全停止不追捕獵物；而因為獵槍的射程有限，獵犬的活動必須在離獵槍25碼內的區域進行。

● 指示犬、賽特犬：搜尋獵物，蹲伏指出

工作尋回犬，並不是要學可卡獵犬，那樣有條理地驚飛獵物。相較之下，指示犬和賽特種獵犬也不會尋回，而是以一種和可卡獵犬不同的方法尋找獵物，他們和可卡獵犬最大的差異是，在獵人持槍到達前，他們不會驚飛獵物，反而會放慢速度，蹲伏，指出鳥的方向。

我是史賓格獵犬

遺傳疾病

比起過去為了執行工作專門被育種出來的犬種，狗展的出現，使狗狗的育種衍生更多方面的遺傳問題。現在常見的品種，每一種或多或少都有遺傳性疾病：大型狗，例如德國牧羊犬，容易有髖關節發育障礙。垂耳狗，例如巴吉度、可卡獵犬，容易累積耳垢造成耳朵發炎；騎士查理王獵犬、杜賓犬，容易有心臟問題；英國鬥牛犬也有很多遺傳問題。

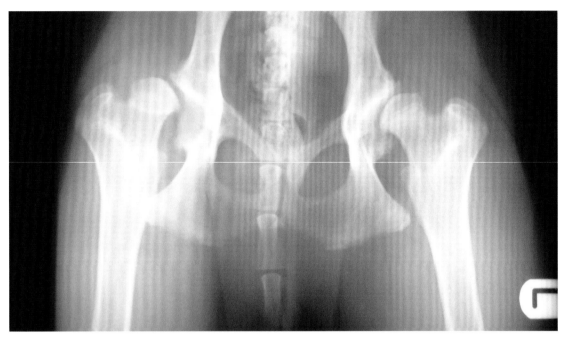

大體型狗狗，髖關節易退化

體型較大的品種，他們的肌肉、骨頭、關節天生很容易因壓力、拉力而受傷。像是德國牧羊犬與拉布拉多，這些大狗髖部的球凸、軸承部關節，容易退化，引起疼痛，某些嚴重的案例甚至會無法行走。1970年代，英國畜犬協會與英國獸醫協會，建立了一種為1歲大狗狗拍攝髖部X光片的方法，藉由每一個關節0～53分的評量，以評估狗狗骨關節的變形程度。此方法如今已被廣泛應用，相關人員根據評估數據建議：不要繁殖「分數較一般品種平均值高」的血統，以免導致狗狗的髖關節發育障礙。此項評估，目的不只是為繁殖者提供參考數據，也希望每個主人都能為自己的狗狗規畫適合的運動、攝食計畫，減少傷害發生的可能。因為狗狗很會忍痛，所以主人要特別注意：服用鎮痛劑的狗狗，不應做劇烈運動，因為這會造成嚴重傷害。

肘部發育障礙，有先天後天因素

肘部發育障礙，則是指肘部關節的軟骨發展受到傷害，這同樣也發生在大狗身上，包括大丹犬、紐芬蘭犬、英國馬士提夫犬、德國牧羊犬、拉布拉多、黃金獵犬、柏恩山犬。針對肘部問題，有個分級制度可查閱。不是所有狗狗的疾病問題，都單純與基因遺傳有關，例如有種調整酵素，便通常伴隨某個特別被挑選的基因，被表現出來，例如體型的展現。而從狗狗的肘部和髖關節發育障礙來看，則基因遺傳和環境都有影響；軟骨分裂，正是肘部發育障礙的一種，這是由於狗狗成長期間，氧氣和營養無法輸送到肘部所致，常見於拉布拉多、黃金獵犬，另一種肘部發育障礙則常見於德國牧羊犬。

從體型的改變來看,短腿的臘腸犬、巴吉度、北京犬,很容易發生椎間盤突出問題。臘腸犬、貴賓犬、騎士查理王獵犬,則很容易患糖尿病,而且臘腸犬、貴賓犬也容易有肥胖問題,拉布拉多、可卡獵犬也是。拉布拉多,常常因肥胖,而得去獸醫院進行診療。

遺傳性眼睛缺陷:眼盲、眼球掉出

基因遺傳突顯的眼睛缺陷也很常見,有這種缺陷的狗狗,應該要避免繁殖。漸進式的視網膜萎縮疾病,會讓通往視網膜的血管逐漸死亡,隨之而來的,就是失去視網膜該區的視力。像是拉布拉多、黃金獵犬,便很容易失去中央的視力;臘腸犬或貴賓犬、英國史賓格獵犬和愛爾蘭賽特犬,在這種情況下會全盲。

柯利牧羊犬、喜樂蒂牧羊犬,可能先天便患有眼球變形疾病,同樣地,這也會傷害視網膜,雖然只有6%患有此病的狗將會單眼全盲,但柯利牧羊犬和喜樂蒂牧羊犬罹患此病的機率極高,此疾病因而成了英國最常見的犬類眼科疾病。很不幸的,即使是兩隻眼睛皆正常的狗,也可能產下有此疾病的幼犬,但還好可以利用基因檢測,先進行評估即篩選(DNA檢查,可驗出某些基因疾病)。

我是粗毛柯利牧羊犬

遺傳性行為問題

某些遺傳性問題,導致很特殊的行為問題。例如,單一毛色的可卡獵犬容易有暴怒傾向,而某些騎士查理王獵犬有心理性肌肉運動癲癇,他們會去咬想像中的蒼蠅。

我是黃金獵犬

我是德國牧羊犬

扁臉品種,例如北京犬,他們的眼球很容易因外傷而掉出眼窩,甚至由於眼窩長得比大部分狗狗淺,所以當他們被人從頸部後方提起,眼球便可能掉出來。扁臉狗也容易有呼吸方面的問題,因為他們柔軟上顎比例不太對,會塞住喉頭,使吸氣變得很不順暢。

英國鬥牛犬，恰好切中育種的中心問題。在狗展、品種註冊、繁殖限制出現之前，育種，是件很特別的事情。人們認為，狗狗生來就是要把工作做好，一些繁殖和選擇性配種，如果可以生下工作所需的後代，那這個育種就是好的。

英國鬥牛犬：力量度、敏捷度、堅毅下顎

現今大部分的人都會認為，故意讓一隻動物去攻擊另一隻動物，是很令人厭惡的行為。但在18世紀中期的英格蘭，這種事在集會中很常見，如果屠夫沒讓牛在屠宰前受到折磨，他還會被罰錢(鬥牛，於1835年制定的動物虐待條款中，被認定是違法行為，並於1840年被有效禁止)。

人類用來攻擊牛的英國鬥牛犬，外觀其實與他們本來的樣子大不相同，他們是因力量、敏捷度(躲避牛角)、可緊咬住牛不放的突出下顎，而被特別挑選出來育種。他們是如此勇敢無懼的動物，於是在19世紀的諷刺畫中，畫家揉合了鬥牛犬與約翰·布爾(John Bull)，用「英國鬥牛犬」表現頑強的英國人形象；到了第二次世界大戰，健壯圓頭的英國鬥牛犬，則變成危難時期的國家象徵，首相邱吉爾(Winston Churchill)被漫畫家們畫成鬥牛犬的模樣，從邱吉爾本人到廣大人民，全都欣然接受。

狗展推廣品種→過度要求品種特徵

1840年，英國人的鬥牛行為完全受到禁止，人們不再需要鬥牛犬這種具特殊專才的狗狗，沒想到，之後在首次登場的狗展中，此品種竟從此成座上嘉賓，非常受人們青睞。狗展，對狗品種的推廣確有其正面效果，但也因為對品種特徵要求嚴苛，而深深影響了狗狗的健康。像是，繁殖者在培育「名犬」時，通常都沒考慮到工作犬種原本的育種過程，反而過度誇張、要求某些遺傳特徵，而讓狗狗一出生，身上就跟著某些基因遺傳疾病，日漸危害他們的身體健康。

狗展中，一旦某特徵的「標準描述」訂下了，例如鬥牛犬的「大頭」，評審就以此為評分基準，在這種機制下，某些遺傳特徵便會不斷被強化放大。除非有確切數字統計證明，這樣培育品種會導致基因方面問題，否則迎合狗展的育種方式還是會繼續下去。但為了避免同型基因交配，生下有遺傳疾病的後代，所以繁殖者會從不同的血統線進行，這就令人不難想像，為何現今的英國鬥牛犬與他的祖先，外觀差異如此之大。依功能、外觀選擇育種，能保存品種的生命力，但當品種原本具備的功能不再重要時，這品種在日後的育種繁殖過程裡，便很容易失去生命力。

我是19世紀的英國鬥牛犬

今日的鬥牛犬

說到英國鬥牛犬，人們大概會有種傷感的感覺，因為大部分的小狗不僅需剖腹才能生出來，甚至連交配也得有人協助(至多需3個人)。成犬可能會有肘部發育問題，在繁殖前，也要檢查是否有膝蓋骨發育障礙問題。「櫻桃眼」(Cherry eye)，是指內眼角眼球前方有一塊紅色肉團突出物也是他們身上常見的疾病。

英國鬥牛犬最值得注意的，是身為扁臉品種的他們，會有呼吸系統方面的問題，例如呼吸聲吵雜、遺傳性的下垂軟上顎等等。鼾聲對於鬥牛犬、和其他扁臉品種，造成的不適已愈來愈受關注，不管是呼吸太用力、天氣熱、鼻塞，都可能引發危急情況。這種狗甚至可能因窒息而死亡。
由於人類的育種行為，讓鬥牛犬、和其他品種狗狗，在20世紀產生了許多身體機能缺點，在這個充滿新觀念的21世紀，我們應該重新育種，讓這些狗狗恢復健康。

歷史上，最經典的工作運動犬品種，就是功能與外表兼備的「誘餌犬」；雖然，從現今的狗展觀點來看，他們從來就不是一個品種，因為誘餌犬沒有特定外型與血統。誘餌犬會隨獵物及誘捕方式不同，而有不同的育種及特徵挑選方式，這與其他有固定功能及工作方式的運動犬(例如可卡獵犬)育種有些許不同。

誘餌池塘，源自荷蘭

「誘餌」的起源，並不是指引誘其他動物的幫手，這是荷蘭文「ende-kooy」的縮寫，意思是「鴨籠」。誘餌池塘，起源於荷蘭，用來抓野生鴨子，17世紀傳入英國。雖然，誘餌池塘一度被人用來捕捉飛禽供吃食，但今日則用來捕抓保育鳥，綁上腳環，協助進行鳥類遷徙研究。

我是英國誘餌犬

誘餌池塘真有趣，本意是「鴨籠」

有誘餌池塘，就一定要有誘餌狗，否則就會失去意義。誘餌池塘通常是個淺塘，池塘岸邊有5道人工挖掘的放射狀溝渠水域，活像5隻手臂，從空中往下看，池塘就像是顆星芒彎曲旋轉的五角星。

「誘餌」(decoy)的本意是「鴨籠」，這是因為池塘的五個溝渠手臂上方，裝置了窄縮式編網(或稱管子)。池塘岸邊，則設有蘆葦障幕，但並非連續圍欄，而是錯開設置的，在錯開間隔的縫隙中，設了較矮圍欄讓狗狗可以越過。

誘餌池塘的引誘對象正是鴨子。通常，誘餌人、誘餌狗，都會躲在離鴨子最近的蘆葦障幕後面，一旦聚集在池塘裡的鴨子夠多，誘餌人便安靜地對狗發出指示，誘餌狗就會沿著障幕後方小跑，然後跳過低圍欄，讓鴨子看見他。

誘餌狗狗好幫手，引鴨入網

當然，如果狗狗跑向鴨群，鴨子們就會飛走。但誘餌狗受到的訓練是，要往鴨群所在的反方向跑，再從最靠近的障幕，一跳跳進池塘手臂的管子裡，再偷偷跳過岸邊低幕，不讓鴨群看到。然後，他會在蘆葦障幕後面繞圈圈，接著跳起來，讓鴨群看見，接著再往池塘手臂的管子深處跳。

誘餌人總是挑選小型、體重輕、「紅」毛、看起來像狐狸的狗當誘餌狗，而且認為模樣像「狐狸」是最重要的。目的是：要讓這個傢伙看起來像肉食掠奪動物，假藉逃離鴨群的舉動，引起鴨子好奇心，進而跟著這隻假狐狸，游入池塘手臂的管子裡。

誘餌狗會慢慢進入管子深處，接著再爬上障幕繞圈圈，鴨子就會跟著進入這個編網管子。當鴨子全都進入管子，誘餌人就會站出來，把鴨子嚇進管子底部的網蔓裡。誘餌池塘和誘餌狗的搭配，聽起來好像很不可思議，但是有位住在英格蘭東部Fenlands地區的碩果僅存資深誘餌人——東尼‧庫克(Tony Cook)，他告訴我這個方法非常有效，鴨子確實會跟著誘餌狗，游進管子裡。

6

狗狗與我們

養狗，你選對品種了？

我是大丹犬

年齡18個月以下的狗狗，最主要的死亡原因是「安樂死」，而處以安樂死的主要原因是「行為問題」。這個驚人的事實告訴我們，人類因選錯飼養品種而殺死的狗，遠比死於疾病、車禍或其他原因的狗多得多。很多時候，其實是我們無法以堅定立場訓練狗狗，而使狗狗變成問題狗，導致他們的行為問題。

不適合的狗狗

人們選擇了不適當的狗狗來飼養，通常是問題發生的肇端。例如，一個獨立扶養小孩的單親媽媽，她選擇飼養德國牧羊犬這類的大型犬，來保護家人，卻沒有考慮到小孩的安全問題，以及可能沒讓狗狗接受基本訓練，了解她才是團體的領導者。同樣地，長時間工作的人不該考慮飼養哈士奇這類大型、活潑的狗狗，狗狗整天被關在公寓裡，會因無聊而大肆破壞。

怎麼做選擇？

「狗狗可愛」不是唯一考量

由於我們會把狗狗當成家人，選擇要養什麼狗時，就不應只做單一考量，例如：「他好可愛」、「我需要他保護」、「我覺得他好可憐」。你心中只能有一個選擇：好好地做出正確判斷，因為這個「家人」會在未來的10年，陪伴你和你的家人；如果決定錯誤，你會很快就想放棄他。

混種狗較無遺傳疾病

有一個「品種」常常被忽略，那就是「混種狗」。你可能不很確切知道可以從混種狗身上得到什麼，但可以確定的是他們比較不易有遺傳性疾病。但為什麼很多混種狗會發生行為問題？因為他們常常是來自庇護所的狗。雖然，想認養他們的人，可能是為了幫助被拋棄的狗狗，但這樣的狗待在小家庭可能會有問題，這關係到小孩的安全。如果你想認養庇護所的狗，在做任何決定前，應該要好好和庇護所員工討論一番。

我是阿拉斯加雪橇犬

大型犬不適合住在狹小環境

不論你想養的大型狗是救援犬、或是經過特別育種的狗，他們其實並不適合小家庭、或住在公寓的人飼養。特別是家中環境狹小者；甚至若有小孩或老人同住，他們可能沒辦法和活潑的大型犬相處。

大型犬的飼料費很貴

你會以狗狗的毛色、漂亮模樣、特殊臉型、或充滿靈性的眼神，來決定是否要養一隻狗？請好好審視一下你的生活環境，會否限制你飼養某些品種的狗，而且

請為了大家好來設想。可以考量的因素有：家裡有適合這隻狗狗活動的花園？公狗通常會對主人表現強勢，要養公狗嗎？有些狗容易過度吠叫，你家和鄰居家會不會離得很近？

此外，大型狗的飼料費很貴，他們的食量可能是一隻玩具犬的20倍。獸醫照護費用也可能很貴：請考慮，大型狗的壽命比小型狗短，而且某些大型狗容易有髖關節退化問題。而對於每天都需梳理狗毛的品種如阿富汗獵犬，你是否了解自己，實際上，你每天能花多少時間來整理狗狗？

鬥犬適合當家庭犬？

某些強勢品種如阿富汗獵犬，可能會很難訓練，建議最好別選強勢、又有攻擊傾向的品種。像是彼特鬥牛犬是否應歸為危險犬種，一直是個備受爭議的問題；試想，如果從遺傳觀點來看牧羊犬，他的育種目的就是為了牧羊，那就不難理解，為什麼一隻被育種為鬥犬的狗，不適合做家庭寵物了。

另外，紐玻利頓犬是一種很棒、且引人注目的看家狗，他們不需大量運動，不怕冷也不怕熱，但體型卻令人無法置信的大，而且還有鬥犬背景。還有，日本土佐犬是被育種來戰鬥至死的，甚至連「沙皮狗」都是中國古代的鬥犬，雖然經過育種後的他們，已減低了攻擊性，但這個過程仍不完全。

某一些狗，例如英國鬥牛犬、阿拉斯加雪橇犬、德國牧羊犬、日本秋田犬，都有攻擊、或和其他狗猛烈打鬥的紀錄。如果你要養這樣的狗，就得預期在家裡會遇到狗狗對你、對家人、對其他動物表現強勢的問題，以及安全性問題。同樣地，某些品種的狗容易咬小孩，包括博美犬、鬆獅犬、西高地白梗。

我是紐玻利頓犬

94 我們為什麼要養狗？

很多研究都顯示，人們熱愛狗狗的主要原因是「他們的陪伴」。狗狗是我們真實靈魂的反映，超過1/2的主人，在情感上依靠他們的狗。

一項人狗關係研究表示，超過1/3的狗主人說，他們和狗狗的關係，比起和家裡任何一個人的關係，都還要親密。雖然狗狗是另一種動物，但我們之中有些人，不僅認為狗狗是我們的家人，更是最棒的夥伴！

狗狗，比家人還要親

2006年，由美國繁殖者協會所做的調查報告指出，有1/3的女性狗主人認為：「如果我的狗狗是男人，我就會選他當男朋友。」對於不喜歡狗狗的人，有2/3的狗主人說：「不會和這種人約會。」然而，倘若狗主人在內心和生活中，都把狗狗放第一位，可能會引起一些問題，有14%的狗主人承認，他們的伴侶嫉妒他們的狗；但也有某些人說，那是因為：狗狗愛他們，比伴侶愛他們還多，所以他們當然比較愛狗。

對家長來說，讓小孩有一個狗狗伴侶是很重要的。通常，家中有6歲～17歲孩子的家庭，最喜歡養狗。一項澳洲的研究發現，有3/4的主人覺得他們想養狗的首要原因，如果撇開陪伴和樂趣不談的話，都是為了想尋求保護，而且認為幸好有狗狗保護他們，才使家園免於遭搶。

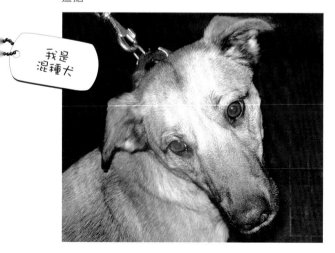

叫他第一名

人們通常會選哪一種狗來養呢？撇開總數變動大的混種狗、與其他未登記的犬種不談，在英國、美國、加拿大、紐西蘭，無疑地，拉布拉多是第一選擇。在某些歐洲國家，德國牧羊犬，則把拉布拉多擠下冠軍寶座。

如果你想看到各式各樣不同種類的狗狗,可以去冠軍狗展看看。如果你想飼養某些特定品種,在狗展上,你不僅能親眼見到狗狗,還能向繁殖者請教相關問題。

隨著1873年英國畜犬協會的設立,狗狗的品種認定有了準則,而且也確立同一品種、但不同血統的狗狗,在比賽中可以互相對抗的規則。人們真正對狗狗種類產生興趣,大約是從100年前查爾斯‧庫夫特(Charles Cruft)舉辦的最大狗展開始,直到現在,此狗展每年仍沿用創辦人庫夫特這個姓,舉辦為期4天的狗狗盛會。如今,每天都有不同的狗展、敏捷度比賽、飛球比賽、服從競賽,在世上的許多角落進行。2005年,有2萬4千隻狗出現在庫夫特狗展中,狗展結束後,有10噸的狗狗大便被載走,盛況不言而喻!

美國最有名的狗展是「美國西敏寺狗展」(Westminster Kennel Club Show),從1876年開始,每年都在紐約麥迪遜廣場舉辦。地區性狗展也總是吸引很多人和狗前往,這可是進入國家級賽事的墊腳石。

帶你的狗狗參加服從競賽,可刺激狗狗表現得更好。敏捷度競賽、飛球比賽,是近年興起的兩種新形態狗狗運動,已經有很多支持者開始帶他們的狗狗,從事這些運動:例如,邊境牧羊犬在這兩種競賽中便都表現優異,說起來這比較像是工作犬的技巧比賽,而非純種狗的展覽。

我是邊境牧羊犬

新形態狗狗運動

● 敏捷度競賽

敏捷度競賽的目標,是要狗狗依照順序,在有限時間內,順利通過不同障礙物。路線中有一系列的障礙物:跳欄,水管通道,坍塌隧道(需推倒),一座「人行橋」(需走上去、通過、走下來),一堆垂直輪胎(需跳過去),12支緊密排列的水泥柱(需迴旋繞行通過)。

● 飛球比賽

這是1970年代末期從加州發展出的活動。在每一個接力隊有4隻狗狗,然後跑道上有4組跨欄排成一列。第一隻狗狗衝向跑道,越過跳欄,停在一個有角度、用彈簧固定的盒子上,這個盒子會射出網球。狗狗咬住一顆球,然後回到出發點,下一隻狗狗接著跑出去。

照顧狗狗，責任重大

我們對於所飼養的狗狗有責任，這包括應該要適當地控制他們。好好照顧狗狗是很重要的，要讓他們：保持健康、經常散步、受基本訓練。總之，用適當的方式對待他們，才能確保我們的狗狗不會變成棄犬。

到任何一個狗狗收容所參觀，都會令人感到很難過。雖然，和狗狗見面總是很令人開心，而且那裡的員工和義工都保證狗狗得到很好的照顧，但急遽增加的棄犬數目，實際上也顯示了這社會對狗狗的照顧不足。

每年約有1千5百萬隻動物進入世上最大的狗狗收容國家——美國。進入美國收容所的狗狗，有56%被處以安樂死，有25%被收養，只有15%的狗狗在走失後又與他們的主人團聚。

養狗責任大，人們想得太容易

狗主人將狗狗丟給收容所，最常見的原因是「搬家」，他們聲稱新家環境沒辦法繼續養狗。寵物數量研究與政策委員會發現，狗主人較容易拋棄的狗是：未施行絕育的狗、免費擁有的狗、6個月大後才接回家的狗、比預期更花時間照顧的狗。因此，我們可從這些棄狗行為背後發現：對於養狗的相關責任，人們總是想得太少、想得太容易。

養一隻棄犬

在你帶棄犬回家飼養之前，先做行為測試，減少你必須帶他回收容所的機會。如果以下任何一項測試中，狗狗的反應使你擔心，你就必須多認真想想，他真的適合和跟你一起回家？而且，想多一點、實際一點，對狗狗、對家人都比較好。

· 當狗狗戴上牽繩後，要嘗試著接近他，看看他是否會感到害怕。
· 看看狗狗對「坐下」這個基本口令，是否有反應。
· 讓另一隻戴著牽繩的狗接近他，看看狗狗的反應。
· 要求讓狗狗獨自待在辦公室10～15分鐘，看看他的行為是否沒問題。

項圈與晶片

大部分走失的寵物，都能和他們的主人重新團圓。如果主人讓狗狗戴項圈，而項圈上詳細記載了狗主人聯絡資料，那就沒問題。不過，也可使用晶片或刺青標記，因為狗狗的項圈可能會遺失；但也別完全依靠晶片，因為需要晶片讀取機來讀卡，才能有人知道你的聯絡方式。在英國，每年約10萬隻流浪狗，由狗狗管理人或其他當地機關照顧，並且有5萬隻以上的狗狗可以和他們的主人團圓。

肥胖，讓狗狗有生命危險

很不幸地，我們正處於「流行」肥胖狗狗的時代。回溯到1970年代早期，約有20%～44%的狗被認為肥胖，而過多脂肪會損害他們身體的正常機能；但從那時到現在，問題卻更形惡化。可能是因為，我們太常用食物來表達對狗狗的情感。

吃太多、動太少→肥胖、健康出問題

在西方社會，狗狗的肥胖，也反映了人們的肥胖，這種現象最早出現在美國，然後是英國、歐洲大陸。毫無疑問地，病態肥胖個體的成因很簡單：「食物攝取過量，而且缺乏適量運動。」30年前就有研究發現，肥胖的主人，讓自家狗狗肥胖的機會，是體態均勻者的兩倍；即使在今天，還是有1/3的胖狗狗主人，不認為他們的狗狗體重過重。

我們本來就不該讓狗狗的生命陷入危險，如果讓狗狗因肥胖而產生健康問題，那就等於危害他們的生命。所以，訓練狗狗時，不能總是用食物獎勵來給予鼓勵，長此以往一定會使他們變胖，進而威脅健康。超過60%的主人會給狗狗食物獎勵，超過半數的主人會讓狗狗在正餐之外，吃人類餐桌上的食物。但很諷刺地，這就是獎勵訓練法帶來的後果，這也是為什麼本書一直強調，等到狗狗能穩定受訓後，要減少食物獎勵，改用其他鼓勵方式取代的原因。

「肥胖，為狗狗身體健康帶來危險訊號」這件事再真

實不過：肥胖的狗狗，比較容易發生糖尿病、外科問題、關節炎、心血管疾病、喘不過氣等問題。這些疾病與身體不適都與他們的體重過重相關，不僅不是一朝一夕所致的，而且都是狗主人造成的。狗狗吃得太少、太多、或「剛剛好」，都是由我們控制的。餵食的關鍵在於，要給狗狗「標準餵食量」，別再讓「情感因素」影響我們的判斷了。

狗狗也有易胖體質？

在大部分的狗狗肥胖案例中，肥胖原因都是因為攝取太多食物，或運動不足、不足以「燃燒」食物熱量。在英國，25%的主人承認他們自己不運動，也不會帶狗去運動。在美國，25%的養狗家庭是一次養很多狗，因此狗狗吃飯時，可能會彼此競爭，想盡量多吃點。

某些品種的狗(例如：拉布拉多、巴吉度、米格魯、騎士查理王獵犬)比其他狗易胖，主人需特別注意餵食方法。小心，不要讓容易罹患髖關節疾病的狗體重過重。遺傳基因問題(例如：髖關節發育不良、骨關節炎、十字韌帶等問題)，可能會使狗狗疼痛，進而影響行動力、運動能力，因為動得不夠，易導致肥胖。另外，結紮也可能影響狗狗的內分泌，而使狗狗發胖。

好消息是，根據一家美國寵物飼料製造商長達14年的研究結果顯示，讓狗狗維持正常體重，可讓他們延長約15%的壽命。此外，體重過重會造成問題，體重過輕也會，狗主人也要注意這一點。

詢問你的獸醫

如果你想試著讓狗狗節食，但你的狗狗是骨架較小的品種，請先和獸醫討論，避免體重降得太快，而引發其他問題。

便便問題、狗狗公園

我們對狗狗的態度正在轉變中，至少現在我們開始正視狗便便的統計數字。根據艾倫‧貝克(Alan Beck)的計算，1隻狗1天平均製造0.34公斤的便便，再與美國現今的6千5百萬隻家犬數量一起做聯想，意即：全美國，1天將製造2210萬公斤的狗便便，1年就是80億公斤！

狗便便，討人厭、使小孩生病

大部分人反對狗狗隨地便便，不是沒有原因：在人行道上踩到狗便便，真的滿令人討厭的。這其實也會影響公共環境衛生，如果你的小孩(通常是2～5歲)吃進飄在空氣中的狗便乾塵土，他很可能就會感染「內臟仔蟲移行症」(Visceral Larva Migrans)。講理而有修養的狗主人，現在帶狗散步，都會帶著拾便器、或塑膠袋出門。

如今，各界對狗便便的爭論，延伸至狗狗公園的設立(美國現今有700座)。狗狗公園，通常是個能讓狗狗鬆掉牽繩的地方，對主人而言，帶一隻受過訓練的狗來到這兒，可能比較不費力。雖然，某些地方因狗狗公園的設立，為公共環境衛生帶來很好的成效，但在某些社區，狗狗公園卻造成了一些問題。

狗狗公園，有人贊成有人反對

當狗主人帶著狗狗，走在都市的公園時，狗狗大多喜歡在鬆掉牽繩後排便。研究發現，法律規定狗狗得戴牽繩的地方，比起可以讓狗狗鬆開牽繩的地方，狗便便分布的密度確實較低。因此，有某些人強烈反對，設立能讓狗狗鬆開牽繩、輕鬆便便的狗狗公園；這些人是家中有小小孩的母親、其他會行經公園且在意便便臭味的人。在舊金山，某些團體已經為這個議題爭吵了很多年，但西雅圖的公園部發言人則說，在她的城市經驗裡，可以讓狗狗鬆開牽繩的狗狗公園，是「大大的成功」。

其實，贊成狗狗鬆開牽繩散步、便便的團體，和公園當局，可以更緊密地合作，或許就可解決一些爭端。建議，這些狗狗公園的「狗狗排便區」需經常清潔和監管，而且在前往「狗狗排便區」途中，應該規定狗狗要戴著牽繩。在英國，第一個設有「狗狗排便區」的議會公園，位在西倫敦的巴金。

進食與排便

狗狗通常在進食後20分鐘內排便，主人應該可預估他的排便時間表。此外，攝取較多膳食纖維的狗狗，糞便量會比較多。

我是巴吉度

家中小孩注意：內臟仔蟲移行症

● 犬貓糞便中的蛔蟲在作怪

小孩之所以會罹患「內臟仔蟲移行症」(Visceral Larva Migrans)，是因為感染了狗和貓糞便中排出的蛔蟲(線蟲)微粒卵；狗便便最常見的，是犬蛔蟲。

這些蛔蟲卵還待在糞便裡的時候，是沒有感染力的，但被埋在土裡，經過數禮拜至數月，這些卵就會變得有感染力。小孩感染這種病相當常見，在美國約2%～10%的小孩曾受感染。感染後，幼蟲會在組織間(包括腦和心臟)徘徊，極少數案例也會攻擊視網膜，引起該眼失去部分、或全部視力。幸運的是，這種疾病顯少造成孩子死亡。

● 訓練狗狗在固定地方排泄

很多狗狗一生下來，就被他們的媽媽傳染※＿＿，導致小狗狗智力發展遲緩。為了避免這種狀況，小狗狗媽媽都要遵照獸醫指示，服用驅蟲藥。

尤其重要的是，狗狗的糞便，不能沾到小孩會去的任何地方，而且不僅是公共區域，花園也要注意。為了進一步減少任何可能的危險，你應該加強訓練狗狗，在小孩被隔離的地方便便。

如果你家有花園,卻總把狗狗關在房子裡,這樣一來,狗狗完全享受不到花園帶來的壓力解放。即使你經常帶他出去散步,大型狗還是特別喜歡來一點「瘋狂行為」,如果他們能在花園活動,生活就會多點樂趣,狗狗也會比較滿足。

我是黃金獵犬

狗狗尿液,會使草皮變色?

如果你不想犧牲美麗的花園,以讓狗狗換取更豐富有趣的生活,那就要好好訓練你的狗狗,教會他在花園特定地方排泄,是很重要的。這個特定地方,像個特別劃分出來的區域,這裡的草沒被剪短,或者有個沙坑(你的小孩,絕不能在這個沙坑玩),但不要讓狗便便留在地上,一定要馬上清乾淨。

狗主人常要面對的一個問題是,花園裡的草會因狗狗的尿液,而變成火燒過似的咖啡色。這也是為什麼要訓練狗狗在特定區域排泄的原因。草皮變成咖啡色,可能是因為狗尿含高量的氨,對草皮來說,這是種超強的肥料。如果狗狗的飲食中含有太多蛋白質、水分攝取卻不足,就很容易發生這種情況。

花園植物,別讓狗狗中毒

阿拉德(Allar﹍﹍﹍一項研究發現,每天用水沖洗草皮,可避免草變成咖﹍﹍,但是若停止沖水,一天之後,草又會變成咖啡色。他也發現,不同的草對狗尿會有不同反應,牛毛皮、黑麥草較具抵抗力,而肯德基藍草就很容易受影響。所以,如果你準備自己設計一個花園,務必留心草的品種,你就能栽培出一個狗狗快樂便便、草皮也綠茵依舊的花園。

花園中,狗狗的活動區域內,灌木、地磚、草皮都得較堅固耐用,若種植菜葉、珍貴的花、鱗莖植物,應用柵欄圍起,以避免狗狗在這裡尿尿便便,並阻止他把植物、蔬菜都挖出來;也應避免種植狗狗可能會誤食的有毒植物,例如紫杉、羽扇豆、黃楊木、歐鈴蘭等等。此外,垃圾箱也要放在狗狗的活動區域以外。

有效阻止狗狗外出

為了避免你的狗狗跑上街,對他自己、對他人造成危險,確保花園的柵欄、大門(務必使用好的門栓),能有效防止狗狗外出是很重要的。

狗狗有可能掰開柵欄離笆的縫隙,然後跑出去。如果你使用的是離笆,可能需加裝網欄。建議設置一個安全堅固的狗舍,需要時可短暫地把狗狗關在裡面。

我是剛毛獵狐梗

這20年來，人類的生活形態愈來愈不穩定，由於養狗需要多方照顧、需經常帶他散步，於是養狗的人開始減少，養貓的人開始增加。

撫摸狗狗，能降血壓？

無論如何，相信已經有很多人告訴你，和寵物一起生活是很好的。例如，高血壓等心血管疾病，可藉由飼養寵物以減少壓力來控制。

帶狗狗出門散步這運動對你們兩個都好。不過，你把狗狗管教訓練得如何，也會影響你的生活；意即，如果你和家人的關係，因為狗狗的行為問題而充滿壓力，這種情況下，你的血壓就不可能降多低、變得多正常，所以這問題的重點在於：你得管教狗狗，並和他建立好關係。另外，1984年，由鮑恩(Baum)等人所做的研究指出，撫摸一隻和你感情較好的狗，比起撫摸一隻和你關係不太好的狗，更能有效降低你的血壓。

孤獨的小孩老人，需要狗狗陪伴

隨著現今家庭關係破裂比例升高，小孩、或獨自生活的老人，變得特別需要狗狗陪伴。在英國，一個名為「PAT狗狗」(Pets as Therapy)的慈善團體，為了那些住在公共之家而無法養狗的老人，特別讓經過登記的主人和他們的狗狗，拜訪需要狗狗陪伴的老人，這可鼓勵並豐富老人們的生活。社會上的其他人，則以不同管道幫助弱勢，現在，就有一種遛狗服務，專門協助老人、和行動不便的人。

一級棒的導盲犬、協助犬

導盲犬，真的帶給盲人某種程度上的行動自由。協助犬，則大大改變了聽力有障礙、或殘障人士的生活。這些狗狗需接受的特殊訓練，遠比一般飼主對狗狗的訓練，還要多上許多，但令人動容的是，他們爭氣地展示了訓練成果。

在英國，導盲犬訓練計畫已經實施很久，而且有優良的追蹤紀錄。其實，殘障者之狗、獨立狗夥伴這類組織，也都是利用獎勵訓練法(包括響板訓練，請見方法87)，讓殘障者可依照他們的特殊需求繼續訓練狗狗，像是要狗狗撿起掉落的鑰匙、協助在超市購物等等，都沒問題！

註冊分類的狗狗品種

專欄

英國畜犬協會,是全世界最古老的狗狗品種註冊團體,並依工作專才,為狗狗分類。美國繁殖者協會,則是全世界最大的狗狗品種註冊團體,每年頒發超過90萬份的血統證明書。每個國家的全國性繁殖者協會,也會贊助他們國內舉辦的狗展、其他類型的狗狗盛會。關於狗狗的工作專才分類,詳情請見方法16;關於狗展等活動,詳情請見方法95。

AKC=美國繁殖者協會
(American Kennel Club)
KC=英國畜犬協會(Kennel Club)

獵犬

AKC & KC:
阿富汗獵犬、巴辛吉、巴吉度、米格魯、尋血獵犬、獵狐犬、格雷伊獵犬、伊比沙獵狼犬、愛爾蘭獵狼犬、挪威獵麋犬、奧達獵犬、迷你貝吉格里芬凡丁犬、法老獵犬、挪威納、東非獵犬、惠比特犬

AKC:
美國獵狐犬、黑褐獵浣熊犬、哈利犬、蘇格蘭獵鹿犬

KC:
法國褐毛短腿獵犬、獵鹿犬、獵麋犬、芬蘭獵犬、大巴塞特格里芬旺代犬、加斯科尼藍色矮腿獵犬、漢彌爾頓義大利獵犬、義大利塞古奧犬、史勞犬

運動犬、槍獵犬

AKC & KC:
布列塔尼犬、英國賽特犬、德國短毛指示犬、德國剛毛指示犬、戈登賽特犬、匈牙利維斯拉犬、愛爾蘭塞特犬、義大利史賓諾犬、指示犬、威瑪獵犬

尋回犬: 乞沙比克獵犬、捲毛尋回犬、平毛尋回犬、黃金拉布拉多尋回犬、新斯科攝誘鴨尋回犬

獵犬: 美國可卡獵犬、哥倫布獵犬、英國可卡獵犬、英國史賓格獵犬、田野獵犬、愛爾蘭水獵犬、賽士獵犬、威爾斯史賓格獵犬

AKC:
美國水獵犬、剛毛指示格里芬犬

KC:
義大利布拉可卡犬、庫伊克豪德捷克、大型明斯特蘭德犬、愛爾蘭紅白賽特犬

梗犬

AKC & KC:
萬能梗、澳洲梗、貝林登梗、邊境梗、牛頭梗、凱恩梗、丹地丁蒙梗、狐狸梗(軟毛/剛毛)、峽谷型伊瑪爾梗、凱莉藍梗、愛爾蘭梗、凱莉梗、湖畔梗、曼徹斯特梗、羅福梗、挪威梗、帕森傑克羅素梗、蘇格蘭梗、西里漢梗、斯開島梗、短毛麥田埂、史丹福郡牛頭梗、威爾士梗、西高地白梗

AKC:
美國史丹福郡梗、迷你牛頭梗、迷你雪納瑞

KC:
捷克梗

工作犬

AKC & KC:
阿拉斯加雪橇犬、伯恩山犬、拳師犬、馬士提夫鬥牛犬、杜賓犬、德國平斯徹犬、大型雪納瑞、大丹犬、馬士提夫犬、拿玻里馬士提夫犬、紐芬蘭犬、葡萄亞水犬、俄羅斯黑梗、聖伯納、西伯利亞哈士奇

AKC:
秋田犬、安那圖牧羊犬、大庇里牛斯、大瑞士山犬、可蒙犬、哥威斯犬、薩摩耶犬、標準雪納瑞

KC:
畢瑞卡榮犬、法蘭德斯畜牧犬、加拿大愛斯基摩犬、法國玻爾多犬、格林蘭犬、荷花瓦特犬、萊昂貝格犬、西藏馬士提夫犬

牧羊犬、畜牧犬

AKC & KC:
澳洲牧牛犬、澳洲牧羊犬、長鬚柯利牧羊犬、比利時牧羊犬、邊境牧羊犬、伯瑞犬、剛毛柯利牧羊犬、英國古代牧羊犬、波蘭低地牧羊犬、喜樂蒂牧羊犬、威爾斯柯基犬(卡狄肯/潘布魯克品)

AKC:
法蘭德斯畜牧犬、卡南犬、德國牧羊犬、波利犬

KC:
安那圖牧羊犬、比利時牧羊犬(麥利諾伊斯品/黎克諾伊斯品)、貝加馬斯卡犬、軟毛柯利牧羊犬、匈牙利庫維斯犬、匈牙利波麗犬、可蒙犬、蘭開夏跟腳犬、馬雷瑪牧羊犬、挪威布哈德犬、庇里牛斯山犬、庇里牛斯牧羊犬、薩摩耶犬、瑞典拉普赫德犬、瑞典瓦德漢犬

非運動犬、通用犬

AKC & KC:
波士頓梗、英國鬥牛犬、鬆獅犬、大麥町、法國鬥牛犬、荷蘭毛獅犬、拉薩犬、貴賓犬(標準/迷你品)、舒博奇犬、沙皮犬、柴犬、西藏獵犬、西藏梗

AKC:
美國愛斯基摩犬、捲毛比熊犬、芬蘭獵犬、羅秦犬

玩具犬

AKC & KC:
艾芬平斯徹犬、澳洲絲毛梗、騎士查理王獵犬、吉娃娃(長毛/軟毛品)、中國冠毛犬、哈瓦納犬、義大利格雷伊獵犬、日本犬、馬爾濟斯、北京犬、博美犬、約克夏梗

AKC:
英國玩具獵犬、曼徹斯特梗、西施犬、玩具獵狐梗

KC:
捲毛比熊犬、博洛尼亞犬、圖來雅爾絨毛犬、英國玩具梗(黑/褐)、布魯塞爾長捲毛獵犬、查理王獵犬、羅秦犬、迷你品、蝴蝶犬、巴戈

我是庇里牛斯山犬／聖伯納

作者簡介

羅傑‧塔伯(Roger Tabor)是世界公認的動物行為學家、自然學家及生物學家，擔任英國自然學家協會主席。他也是犬科與貓科動物行為協會、動物平衡科學顧問會的一員，負責加拉巴哥群島社區的貓狗數控制結紮計畫。

羅傑環遊世界，觀察狗、貓、野生動物，曾擔任英國國家廣播公司BBC寵物及野生動物電視節目撰稿人、主持人，這些節目也曾在美國公共廣播電視台PBS播放，他還經常應邀出席動物主題電視節目。

羅傑寫的書不僅暢銷，也獲獎無數，而他對攝影也非常有興趣，本書大部分照片都是他拍的。

參考書目

Beaver, Bonnie, Canine Behaviour: A Guide for Veterinarians, Saunders, 1999

Coppinger, Raymond, and Coppinger, Lorna, Dogs: A New Understanding of Canine Origin, Behaviour and Evolution, University of Chicago Press, 2001

Hart, Benjamin, and Hart, Lynette, Canine and Feline Behavioural Therapy, Lea & Febiger, 1985

Lindsay, Steven R., Handbook of Applied Behaviour and Training, Vol. II, 'Etiology and Assessment of Behaviour Problems', Blackwell Publishing, 2001

Morris, Desmond, Dogs: A Dictionary of Dog Breeds, Ebury Press, 2001

Parker, Heidi; Kim, Lisa; Sutter, Nathan; Carlson, Scott; Lorentzen, Travis; Malek, Tiffany; Johnson, Gary; De France, Hawkins; Ostrander, Elaine, and Kruglyak, Leonid, 'Genetic Structure of the Purebred Domestic Dog' in Science, Vol. 304, pp1160–64, 21 May 2004

Scott, John Paul, & Fuller, John L., Dog Behaviour: The Genetic Basis, University of Chicago Press, 1965

Serpell, James (ed.), The Domestic Dog, its Evolution, Behaviour and Interactions with People, Cambridge University Press, 1995

Trut, Lyudmila N., 'Early Canid Domestication: The Farm-Fox Experiment' in American Scientist, Vol. 87, No. 2, pp160–69, March–April 1999

Overall, Karen, Clinical Behavioural Medicine for Small Animals, Masby, 1977

Salman, Mo; Hutchison, Jennifer; Ruch-Gallic, Rebecca; Kagan, Lori; New, John; Kass, Philip, and Scarlett, Jane, 'Behavioural Reasons for Relinquishment of Dogs and Cats to 12 Shelters', in Animal Welfare Science, Vol. 3 (2), pp93–106, 2000W

感謝

這本書能夠出版,要感謝多年來許多熱心人士的協助,我無法在此一一列名,相信他們會體諒我掛一漏萬之處。

我非常感謝Central Essex Dog Training School、Colchester、Crufts、英國畜犬協會、美國繁殖者協會、Debbie Rijnders、Tinley Advies and Producties、Institute of Cytology and Genetics at the Siberian Division of the Rissian Academy of Science的Dr Lyudmila N. Trut及Shepeleva Darya、西雅圖華盛頓大學Fred Hutchinson Cancer Research Centre的Dr Heidi Parker及Dr Elaine Ostrander、Cell Press的Heidi Hardman、荷蘭Wageningen University的Dr Joanne van der Borg、Colin Tennant、犬科及貓科動物行為協會、Human Society of the United States、尼泊爾的Chitwan National Park、Emma Clifford 及Animal Balance on the Galapagos Islands、Christine Kirkman、Tim Collins、APBC、the US Pet Food Institute、舊金山SPCA的獸醫及員工們、RSPCA Danaher Animal Home、Seavington Hunt、Great Bentley Dog Show、Dick Maedows、BBC、Alfresco TV Cardiff、Tatton Park、Pilip Wayre、Norfolk Wildlife Centre and Park、Colchester Zoo、Kruger National Park、Longleat Safari Park;尤其感謝MRCVS外科獸醫生Alan Hatch的熱心協助。

還要感謝,為了這本書特別幫我為狗狗拍照的朋友,特別是那些讓他們家狗狗做出特殊配合動作的朋友!感謝Natalie Potts、John Beton、Harrison、Chelsea、Pam Lindrup、Sarah Verral、Michelle與Toby Gray、Pamela與JohnWhite、TomThomas;還有J. Lightly、N. Staines、Mr Matthew、K.D.、C. Inesin、M. Baldry、Jenni Hastings、Sarah Hurr、T. Dunsdon、S. Tearle、Gill Bingham、Sheila Cox、Lynda Davies、Andrew Pratt、Lyn Wiggins、Katrina Spitzs、Frances Stone、R. Vincent、J. Holmes、S.C. Spells、Lin Robins、Mrs J. Robinson、S. Alexander、Frank Wood、Mrs Hardy、Janet Woodhead、Mrs. D. Taylor、Mrs. B. Jones、Pete與Wendy Garrard、David Chandler、Webb夫婦、S. Eburne、E.G. Elliot、Debbie Rjinders、B.J. Henderson、I.S. Hughes、P. Batten Jones、Fred Mason、Mrs Webster、Jean Denton、Emma Redrup、B.與S.E. Smith、Mr P. Bush、Margaret Greening、Julie Olley、Rosemery Turrell、J. Stibbs、Marion Brierley、Paula Clarke、Dempseey、Lynn 及Margaret Cuthbert、Tessa Proudfoot、Ann Mills、Sarah Verrall、David Ridgewell、Lesley Scott、Joyce Jackl、Lee Beecroft、Deborah Sage、Richard Verrier、Stuart-Lee Hurr、Sarah King、Keith Jones、Diane Beaumont、M. Jones、Paula Hunter、S. Moreton、Angela Clark、Caroline Cox、Helen Green、Cara McGuffie、Charles Llewelyn、S. George、Ray Raymond、C. George、Nicola Beavers、Jenny Goff、Nigel Ball、Ciaran Carr、Catherine Carr、Robert及Lisa Murray、狗狗美容師Scruffy Wuffy、Maureen Grant、Sissi Meindersma、Josephine Hayes、Ian Harvey、Moira Sixsmith、Gina Stiff、Kay Lundstrum、Jean Howkins、Susan Osborne、Tony Cook及the Wildfowl Trust、S. Harris、Georgie McGuffie、Tina Brett、Ray Johnson、Sarah Rushton、W.A. Cook、Mrs Riley、Esther及Tony Hague、C. Preston、Steve及Julie Mercer、D. Lunt。

我也要感謝Davids & Charles團隊的Andela Weatherley、Jane Trollope、Ian Kearey、Jennifer Proverbs及其他成員。最後感謝,Liz Artindale的體貼協助及支持。

照片

本書照片除由作者提供,其餘人士提供的照片如下:

Kim Sayer,封面及P3、P5(右下圖);Dick Maedows,P6(上圖);Getty Images/America 24-7/Ken Weaver,P63(主圖);Liz Artindale,P74(頁首)、P111(頁首、上圖);Alan Hatch,P126(主圖)

很高興您選擇了太雅生活館(出版社)的「生活良品」書系，陪伴您一起享受生活樂趣。只要將以下資料填妥回覆，您就是「生活品味俱樂部」的會員，可以收到會員獨享的最新出版情報。

049

這次 買的書名是：生活良品 / **100種了解狗寶貝的方法**（Life Net 049）

1.姓名：_____ 別：□男 □女

2.生日：民國_____年_____月_____日

3.您的電話：_____ 地址：郵遞區號□□□ _____

_____

E-mail: _____

4.您的職業類別是：□製造業 □家庭主婦 □金融業 □傳播業 □商業 □自由業
　　　　　　　　　□服務業 □教師 □軍人 □公務員 □學生 □其他_____

5. 每個月的收入：□18,000以下 □18,000~22,000 □22,000~26,000
　□26,000~30,000 □30,000~40,000 □40,000~60,000 □60,000以上

6.您從哪類的管道知道這本書的出版？□_____報紙的報導 □_____報紙的出版廣告
　□_____雜誌 □_____廣播節目 □_____網站 □書展 □逛書店時無意中看到的
　□朋友介紹 □太雅生活館的其他出版品上

7.讓您決定 買這本書的最主要理由是？
　□面看起來很有質感 □內容清楚資料實用 □題材剛好適合 □價格可以接受
　□其他_____

8.您會建議本書哪個部份，一定要再改進才可以更好？為什麼？

9.您是否已經照著本書開始學習享受生活？使用這本書的心得是？有哪些建議？

_____

_____

10.您平常最常看什麼類型的書？□檢索導覽式的旅遊工具書 □心情筆記式旅行書
　□食譜 □美食名店導覽 □美容時尚 □其他類型的生活資訊 □兩 關係及愛情
　□其他_____

11.您計畫中，未來想要學習的嗜好是？ 1._____ 2._____
　3._____ 4._____ 5._____

12.您平常隔多久會去逛書店？ □每星期 □每個月 □不定期隨興去

13.您固定會去哪類型的地方買書？ □連鎖書店 □傳統書店 □便利超商
　□其他_____

14.哪些類別、哪些形式、哪些主題的書是您一直有需要，但是一直都找不到的？

填表日期：_____年_____月_____日

太雅生活館　編輯部收

台北郵政53-1291號信箱
電話：(02)2880-7556
傳真：**(02)2882-1026**
(若用傳真回覆，請先放大影印再傳真，謝謝！)

地址：＿＿＿＿＿＿＿＿＿＿＿＿＿＿＿＿＿＿＿＿＿

姓名：＿＿＿＿＿＿＿＿＿＿＿＿＿＿＿＿＿＿＿＿＿

太雅生活館

有品味的生活學習，從太雅生活館開始